世界是平的
大腦是皺的

打破職場認知的
*60*條管理思維

錢自嚴

——著

目錄

第一章／思維認知

第二章／職場進階

第五章／合作之道

我為什麼要寫這本書

先明確一下，這本書是寫給不想躺平的人看的。基於這個假設，對於一個渴望改變自己的命運，或者說得通俗一些，希望自己在某方面有所成長的人，繞不開的一個命題便是：改變。

本書對如何發生期望的改變進行了系統性地研究與探討，無論是對自己的期待，還是對周圍的環境有所影響，凡是想要改變，都需遵循從思維到行為再到結果這個循環規律。

Live by Design，Live by Default

首先是思維，在此先引述文中的一個小故事。有一頭小豬想驗證一下主人是否愛自己，就做了一個實驗。每次主人來餵食，牠就往牆邊拱一顆小石子，99天過去了，看著牆角排滿的石子，小豬很開心，直到第100天，主人拿著刀進來把牠帶走了。

這是一個現代版關於數據與演算法的類比，很多人因為沒有自己的人生演算法，不會用設計來主導人生（Live by Design）的生活方式，結果只能是進入預設模式、不加思考、

隨大流地生活（Live by Default）。

這本書講的 60 條管理與成長心法，每一條都是人生演算法的提煉。比如關於自我成長，在〈為自己的簡歷打工〉一文中，就是通過「創造自己的時間組合」的頂層設計，找到一條由人格內核驅動的人生演算法。要想達成自己的人生目標，首先是思維方向的校準，如果自己工作的每一分鐘都被別人的目標所主導，這樣的人生註定是背離自己的初衷的。

設計好了自己的人生演算法，下一步就是如何落地執行了。作為企業高管，無論是早先待過的國企還是現在所處的民企，當然最多的 20 年職業生涯在外企，我的一個觀察是改變必須落實到行為上。關於行為，我也引述文中的一個小故事。有一對美國富豪兄弟，因本地有限捕令，他們就雇了一架直升機飛到鄰國加拿大去打獵。他們射殺了 5 頭糜鹿，然後裝上了直升機，結果飛機費勁地啟動著，攀升 2 米後就摔了下來。兄弟倆狼狽地從摔壞的機身裡爬了出來，老哥問老弟：「你怎麼樣？」老弟悠悠地說了一句：「和去年一樣。」去年他們回到家中說，下次不能帶 5 頭，頂多帶 4 頭回來，但有些人就是這樣，好了傷疤忘了疼，下再大的決心，思維即使已經轉變，但行為上沒有改變，一切都是徒勞。

變革之路，腳踏實地

本書的每一條管理常識都會落實到行為改變的建議點上，比如在〈成功是成功之母〉一節裡，個人成長的飛輪必須落實

到一個具體的推動力上。我在文中介紹了自己的實踐經驗。多年來，我堅持每周做一小時的總結就是將自己的日常工作從「生存時間」轉入「賺錢時間」的過程。什麼是「賺錢時間」呢？王瀟老師在她的《五種時間》一書中將「賺錢時間」定義為創造價值的時間投入。

　　這裡，我也引述文中的一個小故事，也是自己的親身經歷。我曾接受過一個銀行職員上門開卡的VIP服務，這個職員是「985」[1]學校金融專業畢業的研究生，但做的工作是一個初中生也會的簡單操作，指導客人填表、拍照、上傳資訊等。她跟我表示說自己做得很不開心，內心十分地焦慮，再這樣下去專業要荒廢了。我便問了她一個問題：「你有沒有想過每次出門，每見一個客戶便獲得一點可疊加的進步？比如60分鐘的見面流程，50分鐘辦流程，用餘下的10分鐘通過聊天交流與客戶發生鏈接，這些VIP客戶都是成功的中產階級精英，你可以通過搜索百度人物等事先做功課，用某一條關鍵資訊開啟一個對方很願意交流的話題，日積月累，你便通過這份貌似索然無趣的工作建立起一份詳盡的客戶檔案。」在這個故事中，這位銀行職員按照流程拜訪客戶的前50分鐘屬於她按工作職責做的「生存時間」，而後面10分鐘的訪談則是在提升自己鏈接能力的「賺錢時間」。

1　編注：「985院校」就是綜合實力、學科教育及科研，處於中國大學領軍地位和一流水準的大學院校。

有了思維驅動下的行為，可以說是朝正確的方向邁出了關鍵的第一步，方向對了，後面的問題便是效率了。有什麼一勞永逸且永遠正確的好方法嗎？通用性的一招鮮沒有，但具體到每個場景，還是有一些經許多成功人士反覆驗證有效的方法的。比如如何高效學習新知識？我在〈高效學習的「三一法則」〉裡，就介紹了華為內部學習的一條方法：聽一遍、寫一遍、講一遍，帶著去分享與教別人的初心去學，便是最高效、最快速的學習方法。

　　從思維到行為，再從行為到結果的高效輸出，應當是適用於每個人的變革基本框架模型。這個模型是簡單的，但應用場景卻是廣泛的。為此，本書除了「思維認知」是關於思維與個人成長的主題外，還針對部門管理、公司運作與組織協作這三個場景分別對應了三個篇章的內容：管理有方、公司奧祕和合作之道。

　　這本書是上述各個篇章的散集，文章的前後跨度有五六年之久，這也可以說是這本書的一個特點：行散而內實。

　　我寫每一篇文章，務求言而有實，實而具象。每一條思維都是基於一個現實工作與生活中的案例提煉而成。我平時有一個收集案例的習慣，這些大多數來自公司現場觀察到的一些有典型特徵意義的事例，比如〈要命的口頭禪——我已經〉一文，我是日積月累收集了好幾個「我已經」打頭的口頭禪事例才動筆寫的。我的創作宗旨是：要麼不寫，要寫就要給出真實與貼切的事例。所以從時間順序看，本文時間線上前後有跳躍，但本著慢工出細活的理念，我更注重內容的精雕細琢。

他山之石，可以攻玉

　　當然，僅憑自己的觀察，維度會比較狹窄，高質量的輸出必須要有高養分的輸入。爲了有高質量的培訓教案和寫作輸出，過去五年我分別去了斯坦福與哈佛讀了短修班，同時也學習了本土企業商業創新的一系列課程，比如「橋中」的「服務設計」這門課讓我學會了用場景的打造來提升關鍵對話的效果。書中「公司奧祕」與「管理有方」的章節內容就得益於這些課程的內容學習。

　　此外，書中的模型概念取自很多作者的思想精華，比如面對人工智慧「AI」自動化崗位衝擊，我參考了《百歲人生》一書中的轉型資產，與大家分享如何從習慣、性格和格局三個方面打造應對人生變化的轉型資產。當然，還有App 學習平台的課程，比如萬維鋼老師的「精英日課」系列，讓我直接對接西方精英關於認知學習和行爲模式上最前沿的研究發現；吳軍老師的「矽谷來信」系列，通過他從計算機語言處理科學家到矽谷投資人再到高產作家的一系列個人成功經驗，讓我借鑑了一些職場小白都看得懂、會操作的思維模型；比如我在「你是否有意培養可疊加的進步」一文中，就引用了吳軍老師提出的「無尾熊型人格」與「袋鼠型人格」的不同成長模型。

　　引用親身經歷的案例，是爲了打磨出這本書的深度，給讀者很好的場景代入感，以便讀者聯想並落實到自己的實踐中去；參閱成功精英的前衛思想與專業領域的發現，是爲了提升文章的高度，就像《心智》一書所揭示的腦神經科學家們發現

的一條驚人祕密：深度思考是會改變一個人的大腦結構的。本書所述及的改變，就是要通過這些專家的洞見讓讀者有醍醐灌頂般的深刻領悟。這些發現的理論，可以指導我們更自主、更高效地學習。

小案例講的是場景，新理念講的是認知。用劉潤老師常講的一句話來概括：不還原，就看不到本來面目；不抽象，就無法深入思考。所以，寫這本獨立章節彙編的書，我的角色不是內容傳授的專家，我覺得自己更像是一個導購，藉著一個個的真實場景，給大家推開一扇扇思維之窗，通過我的視角，把大家引向一個個思想大家，比如史蒂芬‧柯維關於人性規律的經典剖析。通過一本本好書，給大家介紹一個個實操工具，比如蘭剛老師的《私董會集體思考七步法》。對這些好書的延伸閱讀，對這些精英的跟蹤關注，才是每一個讀者更直接、更高效的學習成長路徑。

希望本書的出版能讓更多的人接觸到優秀人物背後的偉大品質，因為成功是成功之母，而成功，並不專屬於專家們。

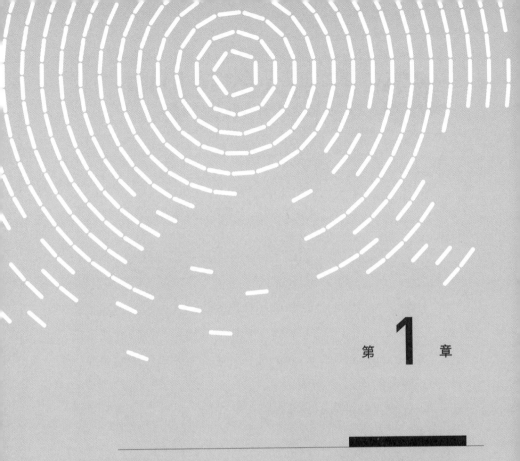

第 1 章

思維認知

1 在別人的苟且中 活出你的機會

昨天在回聽羅振宇的跨年演講中，聽到一個有趣的詞：苟且紅利。

什麼是苟且紅利？苟且紅利就是因為別人做事的各種不利索、不靠譜、不到位留下的機會。苟且紅利是一個新興成長市場（Emerging Market）特有的紅利，也即梁甯老師說的草莽時代英雄輩出的景象。

這樣講比較抽象，我還是舉一些身邊的例子，能讓大家找到感覺。

從下面的一組對照中可以看出，苟且與不苟且的做法區別。如果提取一條主線，前者是 Live by Default，只是把事按

場景	苟且的做法	不苟且的做法
培訓助理	張羅布置培訓室	記錄培訓師做遊戲的步驟與道具
招待客戶	按公司預算張羅酒店	趁客戶興致高時遞上開發清單結算
代上司開會	照上司給的 PPT 講一遍	把握機會搞清裡面的每一筆數字
交接工作	交接電腦檔櫃鑰匙	給接手人一份自己總結的錯誤清單
外部會議	互換名片落座交談	對照 2 年前對方的名片並恭喜其晉升

流程做了一遍；而後者是 Live by Design，事情流經自己的手時，會注入自己的心。

像最後一個外部會議的例子，就是我從我的上司，前亞太區總裁黃振潮先生那裡學來的。他在與政府官員見面時會先向組織者要來一份與會者名單，然後從他的名片夾裡找出曾經交換過名片的官員，先熟悉一遍。於是在交換名片的時候，我對對方的職級提升壓根無感的時候，他居然來了這樣一句自然而又十分得體的開場白：「這一次離上次見面已經2年了，陳局長，首先恭喜你的晉升。」

以這樣一種讓對方有面子的方式開場，對方想為難你都難。與優秀的人為伍，說到底就是從他們身上學到與眾不同的好習慣，一種經年累月從不苟且的活法。

上頁表單中的例子，我就不一一說明了，相信大家一看就能明白。大家更為關心的，也許是具體的做法。怎麼自己一不小心就落入了「苟且」的俗套裡去呢？有哪些好的操作方法可以一點點地不那麼苟且呢？

我一直在觀察周圍的一些牛人，就此思索總結出了下面一個4C模型。

這 4 個 C 是：Checking（事前檢查）、Closing（事後覆盤）、Caring（關注他人）、Consideration（體諒他人）。前兩個C，是做事；後兩個C，是為人。

① **Checking，事前檢查**。一個不苟且的人，不是事情一開始就馬上埋頭苦幹，而是先從頭順一遍以往的經驗清單，

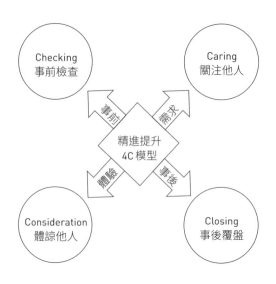

看看過去曾跌過的坑、犯過的錯，引以為戒。我十幾年前去德國總部工作時，看到同事的一個FAM（Frequently Appeared Mistakes，經常出現的錯誤）清單，非常的實用，而且很多錯誤都有通用性。

報表常見錯誤整理清單

☐ 打開檔做內容更新時，沒先做「另存為」，結果覆蓋了上月版本
☐ 月度分析報告更新了內容，卻未改標題
☐ 序號沒有用公式建立，結果刪除一行後，序號連不上
☐ 資料加總沒有加總公式，導致新插入的一行沒有加到
☐ 討論時修正的數字沒有特別標注，後續不知道哪裡做了修改
☐ 匯率以絕對值帶入運算，後期更新時無法關聯相應結果
☐ 複製粘貼時沒有檢查帶入的標注，導致標注與數字不符

比如說打開檔時，第一步要「另存為」，起一個新的檔案

名以防錯誤覆蓋。即使是兩行數字相加也要用加總公式，以免未來插入一行時，新的數字沒被公式覆蓋到。

FAQ（Frequently Asked Questions，常見問題）針對的是一般性問題，FAM 解決的是個體化的具體場景問題。以此為鑑，我學會了凡事建立一個檢查清單（Check List）的習慣。

就拿我日常工作中的一項合同審核說起，下面這個表單就是我日積月累匯總的「採購合同審核控制清單」，從基建合同到勞務合同，再到租賃合同，不同的內容背後有不同的控制點，比如基建合同要管控逾期問題，勞務合同經常會有稅務爭論的事情要在合同中提前規避，而租賃合同要還原零利息之類的商業噱頭。對於一個專業人士，控制清單不只是減少差錯，還能以細分類別的方式提升專業水準。

採購合同審核控制清單
- 基建合同：確保設定逾期扣款條款
- 設施合同：尾款要高於對方毛利，以防止驗收爭論
- 裝修合同：定制設備要有技術部確認的規格參數表
- 進口合同：比較運保費，可能買家購買力強，費率更低
- 勞務合同：境外服務商預提所得稅要在合同中注明
- 租賃合同：注意租賃設備零利息的噱頭
- 硬體合同：能否獲得原廠商的原始程式碼避免升級困難
- 軟體合同：用戶帳號要考慮未來人員的擴充
- 精密設備合同：精密儀器要購買安裝工程一切險種
- 自動化設備合同：自動化設備先買一臺樣機，測試後再批量採購

---

② Closing，**事後覆盤**。很多人做事只顧中間，不顧兩

頭。其實結尾與開始一樣的重要。事後覆盤是一條讓你快速提升的捷徑。我在讀瑞·達利歐的《原則》一書時，看到了橋水基金近乎嚴苛的覆盤流程，從專案的得失開始，各種反推，一直找到最核心的某個錯誤假設或認知偏差。

怎麼做覆盤呢？有一個直觀實用的 T 形工具值得推薦。下面我就用去年組織的交大 30 年畢業聚會的覆盤做例子，介紹一下 T 形工具的運用。

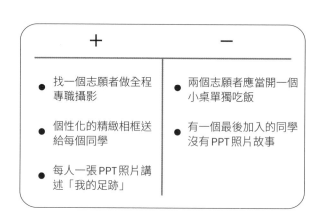

這個覆盤中的「－」代表做得不足的地方，像我請來的一個志願者私下微信跟我說：另一個志願者向她抱怨坐在同學堆裡吃飯很尷尬。以後再搞 40 年畢業聚會，我一定會將這條加入清單清單裡去。

一個好的覆盤不只是本次活動的閉環，也可以成為下一個閉環的更高起點。苟且與不苟且的差異之處，在此立分高下。

③ **Caring，關注他人。**這個 C 的重點在於關注他人的需

求。我在領導力培訓課上曾講過一個系列的「人性規律」，其中的一條就是「人總對自己的事情最感興趣」，比如一張集體照沖洗出來，我們總是第一個看自己。一個苟且的人，看著自己的照片好就發朋友圈了，而一個不苟且的人，會留意照得不好的人會不會介意。

這條人性規律用更直白的話講，就是 99% 的人會用 99% 的時間考慮自己的事情。那剩下的 1% 的人，就是不苟且的人。一個不苟且的人，會將 2%、5%，甚至10%的時間花在別人的事情上，去關注他人的需求。

比如這樣的一組常見需求：

布置任務時，考慮下屬能學到什麼新技能？

去思考你抱怨最多的那個同事有沒有資源瓶頸？

上司的述職報告裡底氣最不足的那一條是什麼？

同事聚餐時，新來的同事有沒有被冷落？

項目停滯不前時，有哪些「路障」你可以幫著去總部
做溝通？

什麼是協作？協作不是一個高大上的名詞，協作體現在日常工作中每一項細小需求的落實之中。

④ **Consideration，體諒他人。**Caring 關注的是他人的需求，Consideration 則關注他人的體驗。我們常講要有服務精神，有所謂的外部客戶與內部客戶。服務是一個空泛的概念，

重要客人來訪服務流程						價值呈現
		到達前	到達	會議	參觀	離開
接觸點	物理	• 會議室準備 ※ 打開空調 ※ 投影機配線	• 醒目的歡迎標識	• 客人名牌 • 能量堅果	• 避開嘈雜的工人茶休時段	• 幫客人扔鞋套 • 臨時用傘
	人際	• 確認內部人員出席	• VIP客戶門口歡迎	• 一人主講，其他人不隨便插話	• 專業人士帶領講解	• 送到門口
	數媒	• 發送定點陣圖給對方司機 • 了解下一程航班／火車	• 客人抵達前5分鐘通知上司下去迎接	• 多功能轉接頭 • 無線密碼標識 • 足夠的充電裝置	• 查看最新路況並及時提醒航班延誤資訊	• 合影（橫拍不露出鞋套）
☺				• 現磨咖啡		
☹		• 客人走錯路線	• 寫錯客人名字	• 隨意處置客人名片		• 忘記發對方合影照片

價值呈現
• 熱情
• 專業
• 貼心

（模型框架取自橋中創新諮詢的「服務設計」課程）

具體的一個抓手，就是做好用戶體驗。什麼是好的用戶體驗？我專門自費去學了上海的「橋中創新諮詢」公司的「服務設計」這門課，才明白一個好的用戶體驗是一個完整的客戶體驗旅程。課程學完回到公司，我做了一個「重要客人來訪服務流程」，以點線面的方式做好使用者體驗。

點：做好客戶與你交互的每個觸點，比如物、人與數媒觸點。在對方出發前拿到對方司機的電話並將定點圖發到其手機中，以確保順利到達的路徑體驗。

線：串聯對方的整個行程，確保每個節點的銜接緊湊有序。比如提前獲知對方的下一站行程，根據航班延遲資訊將參觀過程調整得寬鬆一些。

面：在整體規劃中先考慮希望呈現怎樣的一個面？比如列出三個形象面——專業、熱情、貼心，然後通過頂層設計將每

一個面以具體的細節呈現出來。

這樣的接待，一定不是苟且能呈現出來的。

歲末年關，總會聽到很多的宏觀形勢報告，聽完會產生一堆的焦慮與不安。不想被販賣焦慮的人忽悠的最好方法，就是活出自己的不苟且。

產業轉型，服務升級，人工智慧湧現，所有這些都會留下巨大的機會。變局越大，守舊圖穩的苟且就越多，而別人的苟且正好可以是你的上升機會。上面講的4C中的每一個C，都是你向上爬（Climb）的具體抓手。

趨勢是講給平均人聽的，而真實的世界裡並不存在一個平均人。每個人都可以靠自己的稟賦找到突破口。

世界有世界的變化，而你可以另有計劃。

② 為自己的簡歷打工

　　長假賦閒在家，有大把的時間可以做一些平時想做卻總是找不到時間做的事情，比如說覆盤總結，對2019年做個系統地整理覆盤。

　　如何覆盤呢？我提供一個虛構的情景。

　　有一個極好極好的工作機會，是你期待已久的行業，職務上也是晉升一級。用一句話說，是你的理想崗位。你是進入最後一輪面試的三個應聘者之一，現在由對方的總經理親自面試你。

　　總經理拋出一個問題：說一說過去一年中你最引以為自豪的事。

　　對於這樣的一個問題，你會怎麼回答呢？

以下有三條思路，你會選用哪一條？

A. 說一件做得最成功的事，比如一個專案的順利上線。

B. 講一項習得的技能，比如學會了傾聽他人的意見。

C. 講自己的成長，比如從一個執行者向管理者的成功轉型。

先停留半分鐘，認真而誠實地思考一下，你的回答會圍繞 A、B，還是 C 來展開？

過去一年值得自豪的事是什麼？其實這是在問一個人的時間品質。我最近在聽書節目中聽到鋼琴家古爾德講過這樣一段關於時間品質的話：一個能活出自我的人，是可以創造屬於自己的時間感組合的。

什麼是「自己的時間感組合」呢？我以自己2019年的時間安排為例。

下圖是我的時間組合。我不敢說2019年有多大的成就，但有一點我是做到了——按自己的既定節奏生活。需要聲明一下，我也是一個打工者，管我的人不止一個，我也受很多他人時間的制約。

所以，真正有參考價值的問題是：如何創造屬於自己的時間組合？

要回答好這個問題，需要做一個三層剖析。下面這張圖是我從梁甯老師「增長思維」一課中濃縮的簡化圖。

要活出自我，要過得精彩，要做自己時間的主人，第一步要做的是找到自己的內在驅動，即你的人格內核。

人格內核？有點抽象，還是用例子來說明吧。

去年我參加了一個「青色組織」的培訓，帶我們做課前互動的劉欣老師讓我們做了一個「我是誰」的開場遊戲。這是一個自我介紹的遊戲，在介紹完自己的職業身分後，你得往前跨一步，再說一個你的能力稟賦，最後，你還得跨前一步，告訴大家：我真的是誰？

我的 2019 年時間組合

2019年	講座	論壇	聽課	授課	工作坊	教練	線下活動	度假	新探索
1月	未來商學院拍賣名家書法送父親							帶父母游澳洲，靈船、抱無尾熊	拉斯維加斯CES展
2月	虹橋扶輪社分享與器後製聽診器短影		服務設計，自製聽診器課堂			財務學堂開啟「90後」1對1教學			
3月					高管工作坊隊信任				
4月	知識管理扶輪社拍賣	打造學習型組織，蘇州	東莞「商業故事構」草莽故事	浙江大學MBA財報課	子公司成本項目		西安交大30年校慶，精緻個人相框		徒步戈壁帳篷，大國呼吸吹
5月	甯波精益財務講座		未來青色組織、沒有CEO的自組織管理	銷售部溝通技能自編話劇		ZH總經理助理			
6月	飛馬旅線上給CEO講財務		高領股權設計，補知識弱點	事業部財務團隊時間管理			學員女子足球比賽		6.28財務小說發售
7月	曼徹斯特大學簽書分享	高頓讀書會「分六大能力」	「與我同在」分享會			銷售團隊骨幹輔導	高中同學聚會，橫臥影	兒子歸來宜興別墅，祖孫4人桌遊	
8月								樊登App錄課	
9月	蘇州海歸創業財務總結分享	鉑略峰會財業融合	西安交大JEC喜馬拉雅創始人分享	採購部衝突管理	品質月措施一次做對	採購團隊骨幹輔導			
10月	機械供應鏈學習型組織	女性領導力賦能		新晉經理領導力	高管思維層		做主持人，生日夜晚遊湖		
11月	北京國奧村讀書會寫作分享	蘇大研究生財務工匠精神	西安交大JEC創業路演	兩個工廠經理技能	李開復AI公司財務管理				
12月	PWC財務人業未來六大能力	高頓學習型組織直播	哈佛商學院領導力導力	TX事業部中層幹部領導力	集團財務品牌素養		線下匯共創工作坊	西山別墅，弟弟一家，侄女，卡丁車	創建「創悅匯」線下活動

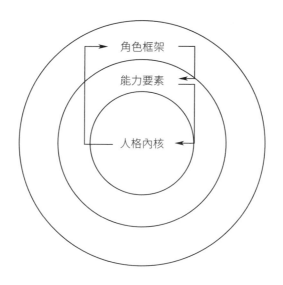

這最後一問「我真的是誰」，把很多人問懵了。大家的自我介紹都是停留在角色框架上，比如我在哪個公司擔任什麼角色，幾乎沒有認真思考過「我真的是誰」這個問題。我的回答是：「我是一個分享者」。這就是我的人格內核。

人格內核讓我們找到處身這個世界的存在感，同時，人格內核構成了我們對意義與價值的判斷標準以及最深層次的生活激情。

在確定了人格內核之後，你再去思考，你會做一些什麼樣的事來契合自己的人格內核。作為一個「分享者」，我在年初計畫時間表時，就列下了這樣一組任務事項：

A. 做10場以上的公益分享（財務、知識管理等）

B. 上半年完成我的專業書出版（《從總帳到總監》）

C. 做 10 場公司內部的培訓（高層工作坊、領導力、成本管理等）

這組清單是我的輸出，為了保證高品質的輸出，我得有相應的輸入與沉澱才行，於是我又列了下面的能力知識提升清單：

A. 報名參加一個頂尖商學院學習（12月成行的哈佛七周脫產課）
B. 學習線下工作坊的用戶體驗設計（參加了「服務設計」課程）
C. 系統學習本土最佳商業實踐（去廣東參加了四天的「商業重構」課程）

順便說一下，這些課程基本上都是我自掏腰包的。講這個，不是炫耀，而是想說明一點，既然你想要過自己想要的生活，創造屬於自己的時間組合，你就得為自己量身定制，不要為公司是否能報銷所牽絆。有捨才有得。

所以，這張三層剖析圖是以自己的「人格內核」為驅動，以此定義出你在一個時間段內要做的首選事項。然後參考自己的能力弱點做相應的補充。比如說我最近的工作中出現了「股權激勵」的新課題，這是我的知識弱點。即便我的大兒子從國外回來只有兩周在家的時間，我仍然忍痛割捨了兩天去上海學習了相關的課程。

這一系列計畫與行動，就是照著圖示的箭頭所示，從內核出發確定優先事項，通過具體的角色框架實踐增強能力優勢，讓能力要素成為內核輸出的技術保障。

現在再回到前面的面試主題上，答案就很清晰了，如果這是一個高端的職位，你應當按照 C 的思路去回答。這 A、B、C 分別對應了以下三個問題：

A. 我做了什麼事？
B. 我學了什麼本領？
C. 我成了什麼樣的人？

這三個問題分別引出三個疑問詞：What、How、Why。我的哈佛校友——世界五大獵頭公司之一的海德思哲高管劉青做過這樣的分享：越到高層，招聘官越看重那個 Why。你的人格內核才是他們最看重的。因為他們花高薪要的不是交付能力，而是「想像空間」。你能給別人怎樣的想像空間？這才是上面面試問題的關鍵所在。

以終為始，以給人的「想像空間」來倒推，從自己的「人格內核」到「能力要素」再到「角色框架」一個個地向上推，這就成了「創造自己時間組合」的配方。

上面的 ABC 三個問題也可以反過來做正向推演。我們在做年終覆盤時，如果發現自己所做的事既沒有帶來能力上的積累，也沒有完善自己的人格，說明都沒做到點上，或者說我們成了他人時間組合的合成元素而已。

用這個思路去梳理過去一年的所作所爲，你的輕重得失觀也許會有所調整，甚至會有這樣的頓悟：原來我不是爲老闆打工，而是在爲自己的簡歷打工。

　　是的，工資是老闆發的，角色也是老闆定義的，但做事是明線，操練自我永遠是你可以選擇的暗線。從內核出發，你可以創造出屬於自己的時間組合。

③ 你多久更新一次自己的人生地圖

　　昨天開車去見一個朋友，坐上車，輸入對方給的位址，導航跳出兩條選擇路徑，我選了一條近路的小道，以避免高架的突發擁堵。

　　結果，開著開著發現路給封了，我只能掉頭重新導航。心裡不禁感嘆：這電子地圖導航也靠不住。

　　電子地圖只能提供常規情況下的路線選擇，遇到封路等特殊情形就無法給出即時資訊了，除非它每秒鐘即時更新地圖。

　　我突然想到了最近輔導的幾個案例，發現我們的人生地圖其實也該時常更新的。我將人物去人格化，抽象出幾個常見案例，給大家參考一下。

案例 1

小張是從審計學院畢業的，畢業時以出色的成績加入了四大會計師事務所工作，從事上市公司的帳務審計。做了三年加入一家民營企業做財務經理，結果經常與民企老闆起衝突。民企老闆經常對小張發飆：「好多部門向我抱怨你一天到晚查他們的帳，運費有

沒有記錯，維修費的依據是什麼。我對資料的真實性不關心，你得告訴我費用怎麼管控！」

案例 2

小李在重點高中一直是學霸，穩居班級第一，年級排名從未掉出前五。高中畢業也如願考上理想大學，結果發現再怎麼努力，成績既不好也不壞。小李產生了很大的困惑，自信心也一落千丈。於是乾脆看小說打遊戲，到後來留級都不敢告訴家人。

案例 3

小林出生在一個高級知識份子家庭。從小到大，父母對她只有一個要求：好好讀書，其他事情一概不用操心。為了讓女兒進入國外名校，父母在她高中階段就通過仲介安排送去澳洲讀書。住在寄宿家庭的小林，第一周就打電話回來向父母哭訴：「媽，我要回家。這裡的房東太沒人性了，洗澡都不讓好好洗，超過20分鐘就直接給我斷水了。」

這三個關於工作、學習和生活的場景是不是有點熟悉？小張、小李與小林的問題，我用一句話總結就是：他們需要更新自己的人生地圖。我為他們的人生地圖做了一番細緻的分析。

關於人生地圖，史蒂芬・柯維在他的《高效能人士的七個習慣》中專門用了一個拉丁詞：paradigm，過去的認識在頭腦

	舊地圖	新地圖
小張（財務人）	新的工作只需將現有的技能作場景延伸就可以一展身手	帳務要求的技能是資料真實性，業務需要的是發現資料的相關性
小李（大學生）	從小到大一直是以優等生得到學校與家裡的認可的	林子大了，並不是每隻山雞都能自稱是鳳凰的
小林（留學生）	水電的無限量供應乃不言自明的生活必需	寄人籬下就要按別人的規矩受約束

中形成的思維定式。這種定式有時候可以幫我們做快速有效的判斷，但碰到新的情形與場景，就要來個 paradigm shift（範式轉移，通俗一點講，就是思維模式改變），有意識地更新自己的人生地圖。

如何更新呢？我推薦兩項實踐。

1. 遠走他鄉

遠走他鄉，迫使自己進入一個新的場景，有利於自己從各種文化衝擊中醒悟過來。我上大學從江南來到西安，一個宿舍8個人來自8個不同的省，晚上聊天既熱鬧，也有經常打臉的時刻。比如，來自江南米市的我剛說一句，我們無錫的大米最好了。我下鋪的東北同學毫不留情地一塊板磚拍過來，我們東北的米才是最好的。我當時有點懵，後來工作後卻多了一份小慶幸，在物流尚未全國貫通的年代，我至少比同齡的江南老鄉早十年知道東北出好大米。其實，大學不光是學知識，更是長見識的地方。所以上大學去得越遠越好。

我很慶幸父母的安排與人生的各種機緣巧合，讓我有機會

去到不同的地方，也因此有機會藉著各種窘境更新自己的人生地圖。

新加坡：租住在當地華人家裡做菜不能起油鍋。他們登報招租的廣告寫的「可煮食」，確實只讓你煮，而不是炒。

德國：第一次理髮我找了一周都沒理上，凡事都要預約，「預約」這張新地圖讓我省了很多無謂的等待，時間效率大幅度提升。

紐約：為了省錢帶自做的飯菜進入辦公室被老闆「修理」——你不能假設每個人都習慣你吃的菜味。在一個人種混雜的大都會，凡事儘量考慮一下他人可能的反應。

2. 廣泛涉獵

沒有機會去不同的地方怎麼辦？行不了萬里路可以讀千卷書。從別人那裡獲得的間接經驗也同樣可以刷新自己的人生地圖。我特意將自己在不同國家的窘事列出來，就是希望自己栽過的坑，別人可以引以為戒。

書也很多，怎麼讀呢？基於本節內容，我建議讀一些有跨界經驗的作者編寫的書，比如我跟著吳軍讀他的系列書籍，收穫良多。

《浪潮之巔》，可以從一個投資人的視角看到各個產業的價值規律與趨勢。

《矽谷之謎》，可以從一個新移民的眼裡了解美國文化。

《全球科技通史》，可以從一個科學家的視角把握技術背後

的兩條線索：能量與資訊。

我就是借鑑了吳軍的「能量與資訊」這條主線在哈佛中國中心做了一場反響不錯的中國半導體業態報告。

另外，財新主編王爍的《跨界學習》也是一本學科跨度很大的書。這些作者能將不同話題捏合在一起，一定有過深邃的人生思考，也一定無數次刷新過自己的人生地圖。

今天晨讀時，正好讀到對量子力學與傳統文化有著跨界研究的劉豐老師，對「文化」這兩個字的全新解構：「文」不過是人對外界事物的主觀投射描述，而「化」則是將持守的「文」不斷化掉，化而爲新的文才是文化。「文化」是個動詞，進階到更高的維度，便成就了高位階的文明。一個人不斷刷新自己的人生地圖，日積月累，這樣的群體便成就了一種先進文明，或者說更接近眞相的文明。

④ 成功是成功之母

最近在輔導一個朋友女兒出國的留學規劃時，說到一個英語學習的困惑，就是學單詞時常有前學後忘的痛點。

我當下分享了一條經驗，就是抓住詞義本質來學單詞，不僅記憶深刻，而且可以將多義詞一網打盡。

我曾寫過一個英語雙義詞的系列，後來因為寫財務小說的緣故而沒有持續更新，這次在朋友的鼓勵之下，我決定繼續這個有趣的詞條分享。

本節舉例一個最激動人心的詞：succeed，成功。

先說一句英語諺語：Nothing succeeds like success.

有一定英語功底的可以先自我挑戰一下，品一品，這句話到底是什麼意思。

這裡的「succeed」出現了兩次（success是succeed的名詞形式），後面的那個success就是大家常見的「成功」的意思。第一個succeed則是它不那麼常用的另一個意思：跟隨，比如它的引申詞successor，就是「繼任者」的意思。外企人事管理中常說的那個Succession Plan，繼任者計畫，也是取其「跟隨」的意思。

那連在一起，這句話是什麼意思呢？Nothing succeeds like success，它的字面意思是：沒有一件事會像「成功」那樣一個一個地接踵而來，意譯一下，就是：「成功可以複製成功」。在此，我借用巴拉巴西《巴拉巴西成功定律》書裡的話，乾脆就翻譯爲「成功是成功之母」，這與我們平時所說的「失敗是成功之母」剛好相反。

爲什麼成功能帶來成功呢？結合《巴拉巴西成功定律》這本書的觀點與我自己的生活觀察，我覺得有兩個原因，一個是內在自信，另一個是外在聲譽。

①**內在自信**：一個人做成一件難事之後，除了事情達成的成就感，還會有認知邊界的拓展，具體表現在對自我能力的認識上會有新的認知高度。比如下面的一些情形：

> 「哦，原來我的英語詞彙量足以完成一場5分鐘的演講。」
> 「只要做好準備，我完全可以替代我的上司去總經理例會做演示報告。」
> 「嚴格按一份清晰的菜譜操作，我也可以做一道正宗的川菜。」

千萬別小看這些認知提升，它帶來的是自信，有了自信，下一步「接踵而來」的是進一步的嘗試，嘗試多了，能力就會上來，於是，英語越說越溜，報告可以脫稿而講，菜可以做得

與廚師分不出區別。自信帶來的正回饋，可以推動我們從一點小小的成功走向一個大成功，所以，孩子要多誇；下屬要多正面鼓勵。「說你行，你就行，不行也行」，所謂的自我預言實現。

②**外在聲譽：**有了一定的成功之後，隨之而來的是圈子裡的認知度，這個圈子不一定是像網紅那樣的全網覆蓋，也可以是公司小圈子裡的「乒乓高手」、「薩克斯王子」之類的小名氣。

不論大小，聲譽都會給你帶來機會。比如你在公司內部員工才藝大賽中得了名次，公司年會上就會邀請你登臺表演。恰巧給公司做年會慶典的服務商還開著一家婚慶公司，於是，老闆會到後臺找到你並給你遞上他的名片，邀請你週末去他的婚慶公司客串，吹薩克斯。就這樣，不經意間你開發了一個業餘展示才藝的生財之道。

我經常要推辭掉一些財務培訓機構的講師加盟邀請。起因，不過是在一些公益論壇上的演講引起了相關機構的注意。所以，一點小小的成功，會通過社交網路的分享一點點向外傳播，讓你獲得意想不到的機會。

當然，對於獲得成功的大名人，甚至會有一種「不靠內在靠外在」的不公平現象。在《巴拉巴西成功定律》一書中，就講到《哈利・波特》的作者J.K.羅琳曾經匿名寫了一本《布穀鳥的呼喚》的犯罪小說，結果被好幾個出版社拒了稿。後來出版之後也賣得不好，最後，J.K.羅琳說出了自己的真實身分

後，銷量暴增。

有人由此感嘆，就靠外在的名聲也能帶來成功。其實，大家之所以認可J.K. 羅琳的大名，還是因爲她之前的「內在品質」形成的品牌勢能。

名人的事先放一邊，下面說說可操作的實踐之道。

成功就像一個飛輪，它會越飛越快，到後來你不用施力，靠強大的慣性也會越轉越快，所以，最重要的是找到飛輪轉動的第一推動力。

下面這張圖是我學習劉潤老師的飛輪模型的啟發，構思並付諸實踐的「第一推動力」演示圖。

我的第一推動力是寫總結。

一張知識點總結PPT，一次項目覆盤整理，一篇課堂筆記，這些都是總結。

個人轉型的成長飛輪

第一推動力

連接共情力 ← 核心能力 表達

專業洞察力 ← 核心能力 提煉

總結

觀察 核心能力 → 細節敏銳度

①**觀察**：總結帶來的第一個推動影響是觀察。因爲總結必然會引發你對關鍵細節的關注度，久而久之，你就獲得了一種敏銳度，讓我因此得益的一個應用場景就是財務管理工作中對資料細節的敏感度。看一份報告，我能一下子發現核心問題所在。

②**提煉**：隨著觀察的不斷深入，你開始尋找事物之間的內在關聯與共通的底層邏輯。久而久之，你就會獲得一種叫作「洞見」的東西。

比如說，我在《讀者》[2]雜誌上讀到一個畫家關於風格形成的從感性到理性再到感性的螺旋迴圈發展模式，就聯想到了當下領導的組織變革專案，它也有一個螺旋迴圈發展的特點，在變革發生前，針對那些僵化（frozen）不適時宜的流程，要進行各種的鬆綁探索（unfreeze），等摸索出一套適合新形勢的成功經驗後，又要把這些經驗固化（freeze），形成共識加以推廣。

這兩個貌似不搭邊的事例，其背後都有相通的螺旋迴圈發展規律，這種跨界延伸思考，就是不斷提煉基礎上的頓悟。提煉多了，你會發現生活與工作中的很多道理是可以互相借鑑的。

③**表達**：有了提煉的洞見，就可以帶來高品質的輸出，無論是在公司經營會上做的分析報告，還是本職工作外的培訓輸

2　編注：《讀者》爲中國發行量最大的雜誌之一，半月刊，由甘肅人民出版社出版發行。

出，你都可以因爲有高品質的內容輸出而吸引別人的注意力。演講與培訓是一種口頭表達輸出，還有一種表達就是寫作。有了不斷積累的細節觀察與要點提煉，你才可以寫出有深度的內容。

從寫總結引發出來的觀察、提煉和表達，這就是飛輪效應一圈圈轉動出來的核心能力提升。以我在德國工作時開寫的第一篇「用 T 型帳記錄並購交易」的總結開始，回看這十八年的操練，就是朝著一個既定的方向在推動自己的能力飛輪。

每個人都有適合自己的第一推動力，找到它，持續去做，你就會挖到自己人生的「第一桶金」。這份精神財富的獲取可以讓你更有喜悅感，因爲「成功是成功之母」。

Nothing succeeds like success，成功帶來成功。

5 成功的第三種維度

　　聖誕前夕，我專程從蘇州坐晚上的火車趕到北京，參加阿里安娜·赫芬頓開創的綻青工作坊。綻青是從英文詞Thrive 翻譯過來的，綻放青春，讓生命充滿活力。

　　當然，這次吸引我的另一個原因是阿里安娜本人也會出現在工作坊。由於當天要參加政府的重要活動，阿里安娜只是簡單地講了幾句，然後給大家現場簽名贈送了她的書《成功的第三種維度》。

　　所謂成功的三種維度，阿里安娜是這樣定義的：

　　第一種成功：金錢，財務自由。阿里安娜將自己創辦的報紙以3.15億美元賣出時，早已獲得了一生都用不完的財富。

　　第二種成功：權力，影響力。阿里安娜經常出入達沃斯論壇，通訊錄裡都是社會頂層的風雲人物，曾被雜誌評選爲全球最有影響力的前20名的女性，她在美國乃至世界層面都有非同尋常的影響力。

　　然而，2007年4月6日的一個意外，讓阿里安娜不得不重新思考什麼才是眞正的成功人生。

　　那天上午在家中辦公時，阿里安娜突然暈倒，頭撞到桌

角，造成眼角撕裂，顴骨骨折，過度疲勞與睡眠不足導致嚴重暈厥。躺在醫院裡的那些日子，阿里安娜才意識到，自己的生活已經完全失控：不但自身健康一塌糊塗，自己的女兒也被毒品折磨得痛不欲生。這樣的生活不是她要的，更談不上什麼成功。

特別是在一次等待腫瘤穿刺檢測結果的焦慮不安之中，阿里安娜在書中這樣寫道：在那一刻，生活中所有的重要事項都得重新排序。

在那之後，阿里安娜開始重新尋找生活的意義，並找到了這第三種維度的成功定義：創造擁有智慧、健康、好奇心的人生。在英文書裡，她稱之為新的3W人生，智慧、健康與好奇心對應的三個英文單詞的首字母都是W，即Wisdom、Well-being、Wonder。這個第三維度，不是第三等級，不是說要獲得了財務自由與影響力之後才去思考這種成功，而是在生命的當下，每個人都可以去追求的和諧人生，一種身、腦、心、靈平衡協調的人生。

我們每個自我都是充滿力量與智慧的完整體系。讀到這裡，我突然想明白了一件事，就是半年前與我的禪宗老師對話後存留的疑惑，此刻突然被解開了。老師在闡述生命的意義時，反覆強調了要活在當下，享受生命的自在。

那天從他的茶室出來時，我心裡就在納悶：這樣的人生態度未免有點消極，難道不該去做點什麼，展示點什麼嗎？

所謂做點什麼，展示點什麼，阿里安娜、李開復，他們都做到了。為了證明自己不輸二十幾歲的青年，李開復經常與年

輕人比賽誰在凌晨的最後一刻還在寫郵件。直到有一天被查出癌症三期，李開復才意識到：在死亡面前，以前追求的東西毫無意義。

當下的自在與豐盛，身體的健康，頭腦的智慧，心靈的探索，愛心的給予，這才是成功的人生。每個人做好了人生的圓滿平衡，這便是對世界最大的貢獻。我們不會因為睡眠的不足和各種疾病而過度消耗社會資源；我們也可以用平和的心態來避免焦慮與情緒失控帶來的人際衝突；我們的向內探索，可以讓我們走出固化思維的藩籬，與自然和世界和平相處。

Nothing succeeds like excess[3]（過多的索求得不到成功），無休止的索取讓我們成了欲望的奴隸，對技術的崇拜反讓我們陷入演算法的種種套路之中，難以自拔。網路帶給我們的，不是連接的便利，反而是人際關係的疏遠。

阿里安娜自從那次無徵兆的暈倒之後，她決心將餘生獻給致力於人類身心腦靈平衡健康的事業上，並就此開創了她的Thrive Global ——全球綻青項目。

我參加綻青工作坊活動的第二天，通過該項目中國合夥人的引薦，在北京飯店一樓的作家酒吧，我獲得了與阿里安娜面對面交流的機會。當我講到自己的財務小說也有身心靈全面發展的章節內容時，阿里安娜很感興趣，並隨即給了我一個課題：作為一個CFO，你何不計算一下因為員工健康的缺失造

---

3 這裡特意套用了與名句Nothing succeeds like success（成功帶來成功）一樣的句式，有押韻效果。

成的生產力損失呢？在她認為，我就是她要找的項目推廣代言人。

我當時的第一反應是，你應該找名人代言。阿里安娜卻是這樣回答我的：「你是一個讓大家看得見摸得著的真實人物，雖然有些人說了很多好的道理，但我不知道他們的具體狀況。你的故事，你的真實生活更能激勵大家。」

讀她的書，我唯讀懂了阿里安娜的一半，聽了她這句話，我算是讀懂了她。阿里安娜要的是全人類的福祉，她在乎每個人的積極影響力。在書裡，她寫過這樣的一句話：聆聽你的生命，所有時刻都是關鍵時刻。

作為一個媒體人，阿里安娜採訪過許多名人，她的書，她的言辭，沉澱的是許多智者的智慧。書中最吸引我的是這樣一句話，極其簡單，卻又無比豐富：There is nothing there，譯為那裡沒有你要尋找的東西。

我們要找的，就在自己身上，就在當下。

6 人生的第二座山

上周發生的兩件事情，讓我想到了人生的目的與意義，這個話題顯得有點沉重，越想越覺得有必要寫篇文章。但寫著寫著就停下了，開始猶豫要如何下筆。

今天早上翻開書架上的一本書《第二座山：為生命找到意義》，突然找到了答案：這是一個每個人都很在乎的關於自我幸福的話題。

上周的兩件事是這樣的，主人公分別是一男一女。

先說那位女士的事，她是我在德國認識的一個忘年交，長我二十歲，因為喜歡我的文章，我們時常有書信交流，最近在失聯多年後突然聯繫上了。

因為是我的文章結的緣，心想，寄給她一本我的簽名書應該是她樂見之事。沒想到被對方婉拒了，她在電子郵件裡這樣回復我的：

> 我已年過八十，越來越走向生命的終點，現在讀的書都是哲學方面的書，我的書架上有好些這樣的書還沒讀完。現在我的人生開始做減法了，你寄的書恐怕我

也沒時間去讀，還要從書架上騰出位置來放它。

讀完這封電子郵件，我當時愣在了那裡。

再來說說另一位男士的事。他是找我做職業發展輔導的，最近有兩件事讓他很焦慮，一件是父母催他早生孩子，趁老人現在還帶得動孩子，免得過幾年心有餘力不足，但是他現在人生階段的目標是在事業上再上一個臺階，要生孩子也要給孩子提供一個體面的生活環境。

另一件事是眼下他正在與一個同事競聘財務總監的崗位，一旦成功上位，按照公司籌畫兩年後上市的計畫，他可以憑藉上市公司高管的股票價值，在35歲前實現財務自由。

但是由於對方也是拼死相爭，雙方明爭暗鬥，他逐漸感到厭倦，不想繼續，但覺得就此退讓，又心有不甘，所以很焦慮。

這一男一女的兩件事，正好對應了《第二座山：為生命找到意義》裡講的兩座山，這位男士在爬第一座山，通過征服世界的方式，哪怕是在一個狹小的社會需求上體現自己的獨特價值，獲得自己的人生成功，比如35歲成為上市公司高管並完成財務自由，名利雙收的時候，也就登上了第一座山的頂峰。

然後呢？——這是我問他的一個問題。他說他可以去做自己喜歡的事，比如旅行、做一個電影影評博主，因為他非常喜歡看電影。然後呢？然後他就沉默了。

然後呢？——在這位女士給我的信裡給出了她的回答。她在面向生命終點的階段，開始考慮如何與這個世界，或者說如

何與內心的自我融合。從第一座山的加法到第二座山的減法，淡化自己的外在需求，去傾聽裡面的聲音。

《第二座山：為生命找到意義》一書中講了這樣的一個小故事。一個病人家屬心情不好，看到清潔工，就沒好氣地說了一聲：「你怎麼這麼晚了還沒打掃房間？」其實這個清潔工已經打掃過了，但他沒有爭辯，而是拿起拖把，再清潔了一遍。更關鍵的一條是：這個清潔工早已獲得了人生的功名成就，他是來醫院做志願者的，他在爬完人生的第一座山之後，發現只有對他人的貢獻與承諾才是真正有意義的事。

用一句通俗的話講：他在做一件 Something bigger than yourself 的事。

翻譯成中文：他在做一件超越自我利益的更重要的事。講真心話，讀到這位女士的回信時，我是有點受打擊的，心想，何必這樣直白呢？但讀到這本書的這個故事時，我突然明白了：這是她選擇與世界融合的一種方式，她對第一座山上的風景已經失去了興趣。

聽那位男士的陳述，我突然感到人生的荒誕，如果一個人的一生，畢其心力，內心中只有第一座山可以爬，那麼越成功，越早爬到頂峰，人生可能就越覺得無聊。我把對這兩座山的思考，畫成了下頁這張圖：

第一座山　　　　　第一座山

Human Doing　　**Human Being**
做事的人　　　　　自在的人

　　以這位男士的故事為原型穿行一遍，他當下爬的第一座山，是他用「手」去抓世界的東西，錢、地位以及社會認可的名譽，這個過程中，他是一個「Human Doing」，不停地做事，做各種各樣的事。

　　從正面的角度看，他在積極學習新的知識與技能，從負面的角度看，職場乃沒有硝煙的戰場，長此以往，他的能量和身體都無法承受。

　　而且，用Human Doing的方式拚命做事獲得的外在名利，這些都與他的心無關，他的心代表他的內我，他的內我告訴他，他是一個分享者，他可以把電影藝術的美分享給別人，在影評的寫作中，他會找到心流；在欣賞佳作時，他內心獲得喜悅與寧靜；在分享給他人時，他從他人的滿足中獲得滿足。這些心流的體驗，回歸自然的寧靜，因滿足他人而獲得的滿足，就是一種「Human Being」的人的自在，與自己同在的那份自在。

其實，很多人是爬完了第一座山之後，發現社會給予「外我」的那份認可與自我實現帶來的滿足，不過如此，失望之餘，會發起尋找並攀登第二座山的決心。

其實這兩座山並不總是存在時間上的先後順序的，這兩座山是可以同時爬的，關鍵是你對自我是否關注，如果能及早喚醒那個內在的自我，那麼人生更深遠、更長久的幸福體驗，就可以從這第二座山的攀登中隨時獲得。實在找不到什麼大事，傾注心血培養下一代，這給予與承諾的付出就是爬第二座山。

回到這位男士的故事上，他仔細想了自己人生的第二座山，他認為他是一個分享者。於是，下一個課題便是，在成為分享者的這人生第二座山上，他會做什麼樣的事？於是他寫下來下面的幾個計畫事項。

①**寫作**，將自己的感悟寫下來，可以是財務專業內容，也可以是觀影感受。

②**培訓**，將自己的感悟做成課件去講給別人聽。

③**輔導**，將自己的人生經驗分享給後來者，先從下屬做起。

寫完這些人生規劃，他原先緊皺的眉頭舒展了許多，他在頓悟之時，給我分享了托爾斯泰的短篇小說《一個人需要許多土地嗎？》中的一則故事。

有一個叫作帕科姆的地主向巴什基爾人的頭領購買土地，當他問及土地的價格，頭領告訴他：「我們的價格一直不變，一天1000盧布……我們以天為單位賣

地。你一天走多遠，走過的土地都是你的。而價格是一天1000盧布……但有一個條件，如果你不能在當天返回出發地點，你就將白白失去那1000盧布。」

帕科姆從第二天早上開始圈地，他努力地往外走，一直到不得不往回走，才發現自己走得太遠了。於是他用盡全力狂奔回來，在最後一瞬間回到了原點，但是卻吐血而死。

他的僕人撿起那把鐵鍬，在地上挖了一個坑，把帕科姆埋在了裡面。帕科姆最後需要的土地只有從頭到腳6英尺那麼一小塊。

人這一輩子終究是跟自己過的，若是迷失在第一座山裡，便會像小說中的帕科姆一樣，走得太遠而回不來了。

與外我連接的那個世界，一直在引誘我們不停地走向深處，而內我的心聲其實只有6英尺那麼一小塊地。

聽了他的這段分享，我對那位女士的選擇，多了一份欣賞與佩服：她是一個有智慧的人。

7 工具思維

　　周六，我在自己創辦的線下學習社群「創悅匯」做了通識思維訓練第三期的分享交流，這次的主題是工具思維。

　　先問大家一個問題，人生至今，你為自己或者別人創造過任何一種形式的小工具嗎？這個問題也許會讓你有點懵，工具？這不是以工具為產品的公司要考慮的嗎？與我有什麼關係？如果你是這樣想的，那麼讀完這篇文章或許能啟發你一些新的思路。

1. 機動車在高速行駛中，突然爆胎要採取的安全措施是什麼？
☐ 牢牢地握住方向盤，保持直行
☐ 立即鬆開加速踏板
☐ 緊急制動，靠邊停車
☐ 輕踩制動踏板

2. 禁止標線的作用是告示道路使用者道路交通的遵行、禁止、限制等特殊規定。
☐ 錯誤
☐ 正確

3. 直行操作時，車速越快，方向盤操作量應越多，轉動方向盤的速度也應越快。
☐ 錯誤
☐ 正確

4. 高速公路限速標誌標明的最高時速不得超過多少公里？
☐ 120公里
☐ 110公里
☐ 130公里

下面我給大家分享一個非常有趣的案例，是我在德國考駕照時做練習題的一張對答案的卡片。

比如有上頁這樣一頁德國考駕照的練習題，四道題目分布於一頁紙的左右兩側。答題時，在每一題正確答案前的多選框裡打×即可（德國人默認打×表示正確的選項）。

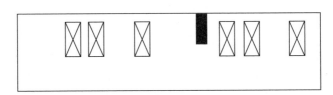

做完題目後，如何方便地知道答案呢？德國人開發了一張神奇的對答案卡片，就是上圖的這張長方形卡片，注意卡片中間位置的一個黑色塊，它就是對答案的定位卡點。

	1. 機動車在高速行駛中，突然爆胎要採取的安全措施是什麼？
⊠	☒ 牢牢地握住方向盤，保持直行
⊠	☒ 立即鬆開加速踏板
⊠	☐ 緊急制動，靠邊停車
	☒ 輕踩製動踏板
■	2. 禁止標線的作用是告示道路使用者道路交通的遵行、禁止、限制等特殊規定。
⊠	
⊠	☐ 錯誤
⊠	☒ 正確

這時，你將這張對答案卡片上的黑色塊與練習題上的黑色塊對齊位置，根據卡片上打 × 的地方便可以清楚地知道答案了。比如第一題的第 1、2、4 選項左側有一個 × 的標記，說明這道題的答案是選這三個選項。

以此類推，第二題選第 2 項。

再看後面的兩道題目，題目雖然變了，但同樣用上面這張卡片就可以對出答案。比如下圖的打 × 處表明，第三題選第 1 項；第四題也選第 1 項。

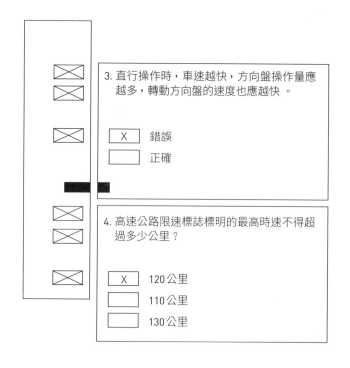

奧妙在於題目中的黑色塊位置是變化的，是印刷排版師通過位置調整設計出來的。

我在使用這張卡片時，在感嘆排版師的匠心設計的同時，不禁生出這樣的疑問：德國人是出於何種考慮，居然會花時間設計一個工具，用在如此無關痛癢的小小需求上？

工具的本質是什麼？工具的本質，我的理解是用時間換時間的效率槓桿。像上面的對答案卡片，是一個設計師用10個小時的勞動換得1萬個人乃至10萬個人每人1小時的翻閱核對時間。10比10萬，一萬倍的時間槓桿。

正如西班牙哲學家加塞特對技術的定義：技術是為節省下來的時間而花出去的時間。德國人就是捨得在工具開發上花時間，以此節省很多低生活品質的生存時間。省下來的時間去野餐、踢球、湖邊釣魚。走出家門，到處是青山綠水，這樣的日子不香嗎？

腦洞開過了，願景描繪了，下面就是實操了。

根據工具常有的便利、品控、體驗、效率等作用，我列了四個場景，讓大家分組討論並共創一個工具設計方案。

場景	工具類型	例子	作用
生活場景—廚房／衛浴	硬體	吃麵用剪刀	便利
工作場景1—寫報告	軟體	巨集程式	品控
工作場景2—客服	資料庫	一鍵繼承	體驗
工作場景3—招聘	軟硬體結合	員工牌	效率

經過1個小時的頭腦風暴與構想，每個小組做出了他們各自設計的工具，這裡我就選一個生活場景的作品——兒童用馬

鈴薯切片器。

　　這個工具的目的是培養小孩的勞動樂趣，同時又有一定的防護設計——防止小孩切到手。原理有點複雜，在此就省略了。總之，我的目的是讓大家長出一隻「工具的眼」，學會用創造一勞永逸解決方案的思路來提升重複性工作的效率。最後，我給大家分享了作為一個財務人，一個以資料包表為交付產品的表單工作者，可以用什麼樣的工具來提升工作效率。

　　簡單解釋一下，任何一張資料分析表，都可以用以下方法來規範。注意，因受印刷形式所限，下圖中資料間差異只能用粗體，加圖框與非粗體不加圖框的形式表現，以方便讀者閱讀

Breakeven (BE) Analysis Template 銷售盈虧平衡點算模板
粗體為實際數據；加圖框的為公式計算所得；非粗體不帶框的為假設的輸入值

單位／百萬美金	假設	上月	月度盈虧平衡
匯率	6.50	6.52	
淨利潤		-3.83	-
所得稅		0.55	-
利息費用		1.50	1.00
營運費用		4.75	4.50
固定開銷		27.15	27.00
一間接人工		12.97	13.00
一折舊		7.45	7.50
一設備租賃		1.08	1.00
一器具及備件		2.88	3.00
一維護及維修費用		0.54	0.50
一其他雜費		2.23	2.00
變動開銷	72.50%	73.46%	
一人工成本	7.50%	7.67%	
一材料成本	62.40%	62.98%	
一廠房費用	2.00%	2.15%	
一增值稅附加稅	0.50%	0.54%	
一運輸費用	0.10%	0.12%	
邊際貢獻		29.02	32.50
銷售		109.35	118.18

學習。實際運用中，建議以三種顏色來區分 更為清晰。

非粗體不加圖框的資料（藍色資料）：input value，輸入的假設資料，比如匯率、人工成本比例。

加圖框的資料（黑色資料）：formula driven，演算資料，只要邏輯關係驗證無誤，可以像軟體工程師一樣，對測試無誤的語句程式封裝固化，以鎖定公式的方式防止誤操作修改。

粗體的資料（紅色資料）：real numbers，歷史資料，這些是給定的不變數。

為何要這樣分類呢？當總經理或者一個決策者看這份表時，粗體的資料（紅色資料）是參考值，加圖框的資料（黑色資料）是公式計算的，這些都不用怎麼看，他會重點看那些非粗體不加圖框的假設資料（藍色資料），比如匯率是6.50，他會說這個有點樂觀，下半年放6.30，試試保本點要從銷售 118 提升到多少？

你只需把非粗體不加圖框的資料（藍色資料）刷新一下，變化的結果馬上就出來了

順便說一下，我的一個學生在我的輔導下學會這個工具後，就是以這樣一個小工具說服面試官圓滿地回答那個著名的挑戰性問題：說說看，你有哪些不同之處表明你是一個做事專業的人？他就亮了這個小工具，拿下了一份年薪翻番的工作。

業績是公司的，能力是自己的，而工具就是你用自己的能力給公司留下的傳承。

8 從工具思維到工程思維

上一篇的工具思維讓我們看到了工具的價值，但工具畢竟只是一個效率槓桿，不能過度迷戀。特別是在使用工具前的選擇上，首先得有一個大局觀：這件稱手的工具，在當下的這個場合是否適用。

昨天出差參加併購會期間，收到一封兒子發來的電子郵件，是他被世界 500 強企業 JCI（Johnson Controls Inc.，江森自控國際公司）錄用的 Offer Letter（錄用通知書）。兒子在國外找工作，經歷了不少面試，其中谷歌的面試題讓我特別有啟發。我從他與我分享的面試題觀察到工具思維與工程思維的差異。

題目是這樣的：

給你兩個一模一樣的玻璃球。這兩個玻璃球從一定的高度掉到地上肯定會摔碎，但是如果在這個高度以下往下扔，怎麼都不會碎，而超過這個高度肯定摔碎了。

現在已知這個恰巧摔碎的高度範圍是 1 層樓–100 層樓。如何用最少的試驗次數，用這兩個玻璃球測試出

玻璃球恰好能摔碎的樓高。

下面，我就借用吳軍老師的剖析來介紹其中的策略。

第一個策略是從第一層樓開始，一層一層往上試驗。你拿著玻璃球跑到第一層，一摔，沒有碎，接下來你又跑到第二層去試，也沒有摔碎。這樣一層層試下去，比如說到了第59層摔碎了，那麼你就知道它摔碎的高度是59層。這個策略能保證你獲得成功，但顯然不是很有效。

第二個策略是預測一下，試一試，你跑到30層樓一試，沒有碎，再跑到80層樓一試，碎了。雖然你把摔碎高度的範圍從1–100減小到30–80，但接下來你就犯難了，因為就剩一個玻璃球了，再這樣憑感覺做試驗，可能兩個球都摔碎了，也測不出想知道的高度。

這道題好的方法是什麼呢？兩個玻璃球，一個用來做粗調，一個用來做精調。具體做法是以下這樣的：

首先拿第一個玻璃球到10層樓去試，如果沒有摔碎，就去20層樓，每次增加10層樓。如果在某個10層摔碎了，比如60層，就知道摔碎的高度在51–60層之間，接下來從51層開始一層層地試驗，這樣可以保證不出20次，一定能試出恰巧摔碎玻璃球的高度。

這道題和電腦技術完全無關，和產品設計或者市場推廣似乎也無關，那麼為什麼谷歌公司要考這道題？其實有兩個目的，一是為了找到聰明人，二是為了判斷這個候選人的工程素養。

這幾天出差參加一個項目並購會，我發現大家討論的財務技術問題也存在一個工程思維問題。

會中討論的財務技術問題是這樣的：被收購的標的公司有一大堆閒置資產，購買方要求自己聘用的審計公司做一個徹底評估，對閒置一年以上的資產做減值處理。審計公司的會計師根據標的公司提供的資產閒置時間，做了一份重新估值的資產報表。

我們在審核這張報表的資料時，發現計算的邏輯中，還留了一個5%的殘值。這是應該去除的，因為所謂的殘值是當你在使用壽命折舊完拿到市場上去變賣的價值，顯然這不符合當下併購收購的邏輯。那麼這個殘值是怎麼帶入計算中的呢？原來會計師用了他們的一個資產淨值計算的小程式，只要輸入原始購置值、使用壽命和已折舊年限，資產的淨值會自動計算出來，但在這個計算中，自動嵌入了一個5%的殘值參數。這個5%的殘值是稅務局的統一規定，那是企業報稅時的計算依據，並不適用於此時的併購估值計算。

讓我借用吳軍老師工程思維中的一個重要概念：粗調與精調。以谷歌的題目為例：為了盡快找到對應的樓層，應當10層一試，這是粗調，講究效率；一旦鎖定第50–60層時，再一層層往上試，直到玻璃球碎掉，這是精調，注重精度。所謂的工程思維就是要有粗調的格局思路，鎖定基本方向後再用精調工具優化細節。

再說一個更容易懂的生活例子。上週末，家裡買了一個練習倒立的轉動椅，在安裝固定螺絲時，我是用手旋的，旋到緊

度90%時，再換用配置的活絡扳手一步步擰緊。手旋就是粗調，比工具快；扳手就是細調，一開始用它，也可以，但太慢了，最後加固擰緊的幾下才用它。

這個「扳手」，對應了我們大腦中的一種慣常思維：工具思維。我們從小到大的教育中，太過強調工具了，以致於一碰到標準條件，馬上就想到了對應的工具。而有大局觀的工程師，不光是知道工具該怎麼用，更重要的是，在使用前先問一個問題：我要不要用這個工具？

回到會上討論的財務問題，計算資產價值的小程式就類似於上面的那個「扳手」，並不是給了你這個「扳手」，你就要用的。有時用手更方便，對應於這個案例，併購談判的資產淨值計算就應該把殘值率手工調整為0。

我可能是做業務出身的，看財務問題往往總是倒過來看的。先問一個大局問題：這些財務套路到底能為我們解決什麼問題？所謂的工程思維，就是以問題解決方案為導向的思維。這其中最關鍵的是approach（方略），方略錯了，該粗調的用精調了，肯定不行。其實財務也是一樣，財務的核心問題也是解決問題：如何以最小的資訊成本提供最有價值的商業洞見？

工程思維不是工程師特有的思維，它是一種大局觀思維，所有行業和職業都需要。

9 從Excel到PPT，專才到通才的必經之路

Excel（資料表格工具）和PPT（圖形展示工具）是職場人士最常用的兩個辦公軟體。

各位職場朋友，你用哪個工具更多一些？如果你的大部分時間在用Excel，那你用的是工具的工具。是的，工具也有高下。一個最常見的現象是：下屬準備了一份Excel表被上司貼到PPT裡向他的上層做演示報告了。

這一節就講講這兩者的進階區別，從Excel到PPT對應的進階關係。

1. 從數據到故事

這是從內容上講的。一個Excel表上有成千上萬條資料，甚至一個檔裡有好幾個附表，中間資料相互引用，公式套公式。可是，做完這些資料之後，你能提煉出一兩句關鍵訊息嗎？

下面這張表是我以前公司的下屬發給我的，十個產品，分別有十張附表。我告訴他：「將這十張圖表貼到十張PPT裡，然後對每一張圖表寫一個一句話總結，在過去的12個月裡，

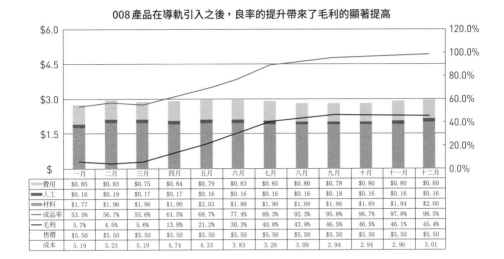

008產品在導軌引入之後，良率的提升帶來了毛利的顯著提高

	一月	二月	三月	四月	五月	六月	七月	八月	九月	十月	十一月	十二月
費用	$0.85	$0.83	$0.75	$0.84	$0.79	$0.83	$0.85	$0.80	$0.78	$0.80	$0.80	$0.80
人工	$0.16	$0.19	$0.17	$0.17	$0.16	$0.16	$0.16	$0.16	$0.18	$0.16	$0.16	$0.16
材料	$1.77	$1.96	$1.96	$1.90	$2.03	$1.98	$1.90	$1.89	$1.86	$1.89	$1.94	$2.00
成品率	53.5%	56.7%	55.6%	61.5%	68.7%	77.4%	89.3%	92.3%	95.8%	96.7%	97.8%	98.5%
毛利	5.7%	4.5%	5.6%	13.8%	21.2%	30.3%	40.8%	43.9%	46.5%	46.5%	46.1%	45.4%
售價	$5.50	$5.50	$5.50	$5.50	$5.50	$5.50	$5.50	$5.50	$5.50	$5.50	$5.50	$5.50
成本	5.19	5.25	5.19	4.74	4.33	3.83	3.26	3.09	2.94	2.94	2.96	3.01

發生在每個產品上的故事是什麼？」

　　經過幾個來回地討論與修正，最後我們為 PPT 的每一頁總結了一條概括性評語，比如008產品在導軌引入之後，良率的提升帶來了毛利的顯著提高。

　　每個產品都有這樣的一個故事，考驗的是圖表製作者在資料以外的業務分析功力。To excel in Excel（在 Excel 上很出色）是不夠的，得在 PowerPoint 上讓每一個Point（要點）都有 Power（展現力）才行。

2. 從作者到讀者

　　這是從溝通層面上講的。很多 Excel 做得很好的人會花很多時間去做公式優化，甚至用巨集的高級功能做自動化報告。

毛利提升方案	
Q1基礎數	8.50%
新客戶訂單項獻	1.30%
報價項目選擇	1.00%
材料降價	0.40%
自動化效率	0.30%
良品率提升	0.48%
廠房精益項目	0.17%
外包服務降本	0.17%
能資管控	0.11%
租賃轉回購	0.10%
匯率不利影響	-1.03%
工人工資增長	-1.50%
目標毛利	10.00

但是，卻在一個舉手之勞但又很重要的細節上忽略了：用戶體驗。

我們來看一個實例。上面這張關於毛利提升方案的表格，該有的資料與專案都有了，但因為都是帶小數的百分數，而且變動範圍在2%以內，看上去都差不多，沒有突出重點。

如果我們改做成一張貼在PPT 裡的橋型層次圖，就一目了然了，如下圖。

毛利從當下的8.5%提升到10%，不同項目的毛利貢獻效果一目了然，而且兩個虛框顯示的欄目是反向增加成本的，這張圖可以非常直觀地告訴管理層豐富的資訊：毛利提升1.5%是在消化吸收了工資增長與匯率要素的負面影響達成的，實際項目節約達到4.03%。

這個從Execl 表到PPT 的轉換，用視覺化的方式給讀者最好的閱讀感受。為何要強調用戶感受？因為Execl 與PPT 在

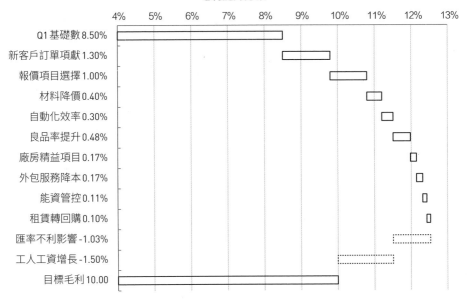

毛利提升方案

格式設計上有本質區別，PPT 就那麼一個長方形的版面，所有的內容都必須集中在這有效的空間裡展示，而 Excel 是不一樣的，橫向縱向可以無限延展，這在給製表者方便的同時，也造成了一個製表人失去展示分寸感的副作用。於是，我們要做一些必要的調整。

比如，利用圖表功能中的小計加號開關做一個展開收攏設置，以方便讀者詳略可選地閱讀；將列寬調整一下，以便讓所有資料放在一幀視窗之中，免去讀者拖動滑鼠去看最右側的一兩行數據；還有將公式的邏輯關係用簡單的代數關系列在表頭，讓大家一目了然……

使用者體驗不只是帶來客戶滿意度，還可以打造成一項核

心競爭力。

Excel 做得再好，那只是你個人的事，你智商高。但你若能進入PPT的演示情景去構想，比如，先在右上角將所有的名詞簡稱或符號解釋一下，那你就擁有了一種換位思考的情商能力。

在一個日益強調協作的時代，沒有換位思考，基本上就是一條腿在走路。

3. 從能力到格局

這是從一個人的視野角度講的。總經理在說，我們的單位成本必須降30%，生產經理便打開Excel 表一五一十地分析各項費用的性質。這時，我看到總經理非常不屑的神情，毫不客氣地打斷道：「你不用給我看這些數據，我知道你要說什麼。我在講『要還是不要？』，你卻在跟我說『能還是不能？』。我要的是格局，不降這30%，明年我們會被競爭對手趕出市場。你這是在能力的範圍內打轉，所以只是跟自己在比，你比昨天的自己提升了10%，又怎樣呢？」

很多子公司在做預算時總是想不通，公司總部為何大刀一揮，砍掉30%。我在子公司做財務總監時也想不通，直到有一天去了總部，做一份給董事會的《競爭對手比較分析》PPT 時才搞明白，總部的指令是以市場為標準的。正因為德國公司的固定開銷比別人高，我們必須在生產效率上追回來。

順便說一下，PowerPoint 並不是微軟自己開發的，而是靠

視窗操作系統的用戶體驗掙了大把的現金買來的。這就是一種商業格局。

　　當然，不是說Excel 不重要，而是要換個思路，用PPT 的思維方式去想資料的最終呈現方式。由繁到簡，在內容上學會抽取與提煉；由外向內，從讀者體驗出發去改良格式；由大到小，從對大局的理解出發去布局資料結構。

　　做Excel，卻玩出PPT 的Power，你離升職就不遠了。

10 你是否也有專業潔癖！

專業，或者說成為有鮮明特長的專業人士，這是一個令人嚮往的境界。但是專業化的過度追求，會生出一種專業病，我且稱之為「專業潔癖」吧！

什麼是專業潔癖呢？

還是先從案例說起：

案例1

A 公司的駕駛員拿了一張報銷單去找財務部報銷，結果單據被財務部退了回來，因為有一張違章行駛的罰款單。駕駛員覺得很委屈，這是送客戶去浦東機場遇到交通事故，改道上了外地車不讓上的中環。如果這樣的支出不給報銷，以後客戶趕不上航班的事，自己再也不管了。

再看一個案例。

案例2

B 公司的設施部經理在與一個政府扶持的高科技節能公司談一個節能項目，綠色能源的推廣使用是當地政府的一個重大工程，節能公司可以推廣其先進技術，生產企業可以節省能源，這是一個三方得利的好事。但合同到法務部那裡停了下來，法務部認爲政府與節能公司的協議不足以形成法律保障，堅持認爲要簽一個三方合同，讓政府在三方合同上對節能補貼簽字承諾。結果，政府不願簽字，一件好事就這樣黃掉了。

　　會計師與律師都是具有專業性的職業。他們的專業性在一定程度上也是體現在細節的專注上的。但是，成也蕭何，敗也蕭何。正是對細節的過度追求，有的時候會一葉障目，適得其反。

　　這兩個案例分別代表了專業潔癖的兩個典型問題。第一個是對終極目標缺乏理解的大局觀問題。報銷的目的是什麼？不就是爲員工承擔合理的支出嗎？企業的一切經營活動中，有什麼比服務好堪稱「衣食父母」的客戶更合理的支出呢？而罰款不能報銷只是稅務上的規定，說到底公司損失的只是200元[4]罰款中25%的可抵稅獲益，50元錢的損失與客戶的航班錯失，孰輕孰重？每個會計師都是讀著「罰單不能作爲抵稅費用列支」的教科書上崗執業的，但是，是不是都要堅守呢？很多人似乎沒有認眞思考過「報銷到底是怎麼回事」這一終極問題。

4　本書若無特別提及的幣值均爲人民幣。

第二個案例反映的是一個換位思考的問題。企業有企業的運作規範，政府有政府的操作流程，一定要以自己的標準把別人套進來，除非你永遠處於強勢的地位。法務上的「專業潔癖」總是追求不留1%風險的隱患，但這個要求往往是不切實際的。有利益衝突時，必須學會換位思考，以共贏思維來尋求變通方案。政府已經與你的乙方簽訂了兜底協議，幹嘛非要逼他在你的文本上再簽字蓋章呢？一味強調自己專業上的完美無瑕，就等於把別人逼入了死胡同。企業的運作是以解決問題展開的，苛求某條規則、堅守某個文本，這不是在做企業，這是玩情懷的節奏。

　　過於追求局部細節會忽略更重要的大目標，這就是布萊恩·克里斯汀和湯姆·格里菲思合著的《演算法之美：指導工作與生活的演算法》一書中講到的過度擬合現象（Overfitting）。財務要做的是提供有價值的組織經營資訊，有時載入太多無用的資訊，比如對於一個上百億元銷售收入的公司，給出一個帶兩位小數共13位有效數字的年報資料，反而造成了投資者的閱讀負擔。

　　其實，推而廣之，所有專業都是如此。做設計的，明明客戶已經通過設計方案了，就因為一些色差與不對稱之類的小瑕疵推倒重來；搞IT的，明明可以通過培訓使用規範來解決的問題，非要自告奮勇去開發一個自動預警程式；做老師的，明明學生已經聽明白了，只因某個概念是自己最有心得的話題，非要再拉出來講一遍……諸如此類，各種專業潔癖。不要過度糾纏正誤，要更多地考慮得失，然後做出一個風險計算

過後的權衡決策就行了（take calculated risks & make informed decisions）。

　　在這個充滿偏見與紛爭的世界，一陣欲望的塵土揚起，便再也找不到一塊淨土了。過度追求完美，只會顯得狹隘與幼稚。

11 大局入手，小事才有價值

做了十幾年的財務管理工作，特別是最近幾年經常去大學教財務課的經歷，讓我有了一個深刻的感受：大局入手，小事才有價值。為什麼一定要從大局入手呢？

先從財務工作說起。我發現有太多剛入門的新手，對所做的具體事務沒有一個本質的理解。很多人陷在自己局部的細節中拔不出來，看不到大局。

最近，我偶爾聽到了出納在對採購部說：「帳上沒錢，付不了。」作為公司的最高財務長官，把公司管到「帳上沒錢」那可是最大的失職了。仔細一問：是帳上的人民幣不夠，美金還有一大堆呢！

我一直認為語言是受思維支配的。所以，出納的這句話完全是個人的狹隘思維造成的。仔細想想，財務部這樣的事還真不少。做付款的不知道公司整體的資金狀況；做報表的看不到從集團合併角度的內外之別；做成本的不了解業務模式變化過程中的歸類調整。

以上種種情形的一個實質性問題，就是在入手開始工作的時候，缺乏對大局的把握。不光是財務，其他工作崗位也都存

在這樣的問題。

　　再舉一個案例：

　　公司有很多生產線要從新加坡轉過來，為了減少不必
　　要的進口關稅，企業可以用投資免稅指標來進口。但
　　這個免稅指標是與總投資掛勾的，只有總投資提升
　　了，才能增加免稅指標。而總投資的增加，需要追加
　　一定比例的註冊資本並獲得政府的增資批准。這件事
　　由辦公室的祕書負責。可是兩個月過去，申請都未遞
　　上去，原來是卡在「可行性報告」上的銷售增長無法
　　確認。

　　這是多大一件事？如果這位祕書明白以下的兩個大局要
點，這事就不至於拖到設備來了卻只能在海關白白交稅。

　　① **了解專案的最終目的**。如果祕書知道上述的連環效
果，明白最終上百萬元的關稅的財務影響，斷不至於這麼拖
拉。這就是一個「以終為始」的習慣，先從大目標出發，理解
了大目標才會自發地做局部調整。

　　② **明白關鍵瓶頸的影響**。這「可行性報告」成為卡殼的環
節實在太不應該。這個報告只是為了讓政府批覆時對項目有個
大概了解，明年銷售會增加30% 還是40%，沒必要那麼精確。
掌握了這份報告「只需要提供大致情形」的實質，就不至於卡
在這個環節停步不前了。抓不住關鍵問題，就像西方的一句諺
語：沒有看見房間裡的大象！

如何把握大局呢？

① **戰略層面，找個有經驗的老師做指導。**很多外企有 Mentor（導師）體系。年輕人找一個資深的經理做輔導導師，往往可以從導師那裡獲得大局觀。其實，不一定要等人事部來安排，有想法、有抱負的年輕人，完全可以走進某個資深經理或者是部門上司的辦公室，直白地提出這樣的請求：「我想請您做我的導師來提升業績，希望沒有太冒昧。」最後半句基本上是客套話，真實的場景下，絕大部分經理會滿足你的。成功人士，都有好為人師的一面。

② **戰術層面，多提問，多思考。**一時找不到好的老師指點迷津也沒關系，自己也可以用自己的思考去培養大局觀。我以前在國外學習時，審計老師講的一句話讓我一輩子受益無窮——碰到問題時，問一個強有力的問題：What can go wrong（不這樣，又會產生什麼後果）？

回到上面的案例，那個祕書糾結於找不到一個確切的銷售增長比例時，如果能問這樣一個問題：這個資料不夠精確又怎樣呢？What can go wrong 的問題可以把你從麻亂的細節中抽離出來，直接連線終極目標。這個強有力的問題往往可以讓我們省去很多對最終結果沒有實質性影響的中間環節。

下面我列舉下自己觀察或經歷的場景細節，是如何得益於 What can go wrong 這樣的問題的。

產品出了品質問題。在退貨流程中，金額超過一定限度要總經理在系統中批准後才能退貨。就因為總經理休假無法審批，導致貨物積壓在客戶處引來投訴。What can go wrong？品

質問題都認可了，退不退與總經理簽字已經毫無關係，相關負責人完全可以先斬後奏，內部流程讓步於外部影響是一個基本大局。有些簽字只是給上司知情權，當事人明白了這個大局之後就不會糾結了。

類似案例實在不勝枚舉。做事要從大局入手，對終極目標可能產生的影響進行連線思考，往往會有事半功倍的效果。

先不要急著投入細節，退一步，想一想大局再行動。

12 小事做起，大事才能靠譜

上一節從戰略層面講了做事要從大處入手，這一節談談確定了大局後，如何讓小事落實做好。

還是先來看一個案例。

陳經理是八十年代初出生在南方大城市的獨生子女，家庭條件不錯，基本上是照著「女兒富養」的軌跡成長。畢業後進了一家管理鬆懈的小公司，日子過得很滋潤。

可後來跳槽去了一家人才濟濟的大企業打件加工工廠做部門經理。從未在具體崗位上接受過真正挑戰的她，一下子找不到感覺了。最近，部門裡的得力助手小李辭職了，她居然找不到一點徵兆，心想，剛把他從技術崗位上提升成經理，怎麼就跳槽了呢？

後來人事部在做離職訪談（Exit Interview）時提供了這樣一條回饋資訊：小李從非管理崗位提到管理崗位後，按公司薪酬政策，加班是不計加班工資的。小李提升後名義上加了15%的工資，但加班費（平時1.5

倍，週末2倍）的損失有30%，所以掙到手的收入減少了。對於每月有著5000元還貸壓力的小李而言，每月拿回家的現金從10000元降到8000元，明顯感到生活拮据了。

你們猜，陳經理聽到這個回饋時的第一反應是什麼？按照常理應當是理解多於責備，但恰恰相反，陳經理的反思卻是：以後招人一定要招價值觀吻合的，為了區區幾千塊就跳槽的，這樣的人一定不能要。

這個案例讓我們看到了「富養」的負面作用，不知人間疾苦，體現在工作上就是不體察具體工作的實情。

在這個案例中，陳經理缺乏必要的細節敏感度，比如從非經理崗位提升到經理崗位上潛在的現金收入損失。一個人如果沒有扎實地從基礎崗位上經歷一次次具有挑戰意義的困難歷練，是不會有這份細膩的。

順便說一句現在常講的一個詞：同理心。我在「高效能人士的7個習慣」的培訓中發現這樣一種情形：很多人從意識的層面是有這麼一種用同理心傾聽的覺察的，但同理心是門手藝，要有細節的積累。要通過具體的技術問題與關鍵細節的打磨，才能逐漸培養出這份細膩與敏感。

這個案例讓我想到了自己的第一份工作，是在一家星級酒店工作，這家酒店對知識的尊重體現在工資級別上，高中生D2級月薪180元，大專生D3級210元，本科生E1級240元，以此類推。但是對大學生的待遇僅此而已，我幹的活與D2的

高中生、甚至D1的初中生沒有任何區別。

我正式定崗的崗位是「客房服務員」。那些分配到前臺的好歹還領了一身西裝，而我，直接去布單房領了一身卡其布的工作服，典型的藍領。當然，好處是我從此有了不幹家務的理由，因為鋪床、吸塵、刷馬桶之類的活，一輩子都在酒店幹完了。一個人包一層樓面，擦桌子要每個抽屜拉開擦到四個角，擦地板是跪在地上直至見不到一滴水漬為止。一天幹下來，回家蹬自行車上運河大橋的勁都沒了。

記得有一次輪崗到員工食堂上班，切了一個上午的冬瓜，眼睛花了，手也痠了。回到家與奶奶一交流，奶奶的評價真是毫不留情：「你那幾個瓜，我一個小時就能切完。」那段時光，我從未覺得自己是如此的渺小。

那段經歷，在那個階段，比起坐辦公室、打著領帶與外國專家談專案的同學們，我認為純粹是浪費青春，毫無價值。但現在，特別是在管理崗位上，包括我業餘做的教練（Coach），我越發珍視這份經歷了。我發現自己能很快共情對方的感受，去理解一個做具體實務的人的苦衷。

渺小感、缺乏意義、找不到價值，現在想來，這些都是具體事務表面上的共性，但不經過這番歷練，踏實低調的風格何以養成？一個整天低頭彎腰忙著幹活的人，再高調也高不到哪去的！現在我終於明白日式管理的初衷了：從小事做起，每步走得扎實，事情才能做得牢靠；從小事做起，體會每一步的艱辛，為人才會低調。為人處事兩方面都可以通過小事來錘煉，反過來，小事做實了，又可以讓我們的大局觀更務實、靠譜。

第 **2** 章

職場進階

13 最好的投資是投資自己的未來

　　上周六是4月23日世界讀書日，我給FI財智平台做了一場好書分享直播節目，我分享的書是《高效能人士的七個習慣》。

　　分享之後，有一位聽眾給我發了一條簡訊，問我：世界500強的公司都招什麼樣的人？

　　我的回答是：比起知識與文憑，我們更看重一個員工的潛能。員工給組織帶來的貢獻價值不是常態平均分布的，而是冪

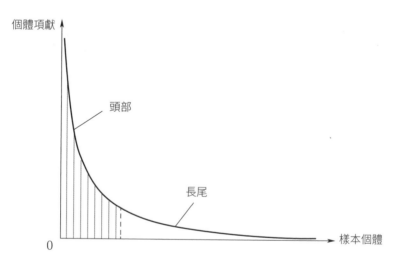

律分布的。

一個高潛能的員工能帶給組織的貢獻可以是普通員工的十倍乃至百倍，就像巴菲特投資的股票中，最優質的幾檔股票貢獻了盈利的90%之多。

那如何找到高潛能的員工呢？

我綜合自己三十年的管理經驗，總結出了高潛能人才普遍擁有的最明顯的兩個優點，成長型思維與自律的性格，以這兩個維度，我們可以畫出下面的四象限圖。

思維模式

成長型	I 淺嘗輒止的夢想家 （小A）	II 言出必行的追夢者 （小B）
固化型	III 徹底躺平的「內卷」者 （小C）	IV 戰略上懶惰的勤奮者 （小D）
	低自律性	高自律性 **性格要素**

這四個象限分別是：

第I象限：淺嘗輒止的夢想家，原型人物小A

第II象限：言出必行的追夢者，原型人物小B

第III象限：徹底躺平的「內卷」者，原型人物小C

第IV象限：戰略上懶惰的勤奮者，原型人物小D

下面分別說一下這些人物。

小A第一次找我輔導給我留下了非常正面的印象，她說自己要在40歲前成為一家上市公司的CFO，我當時給她的建議是先從知識積累做起，每周寫一篇知識總結。

過了六個月，她發給我簡訊說最近在忙著考證，又過了六個月，她給我打電話，想與人合夥做稅務諮詢，我便問她，每周一篇的知識總結你寫了多少篇？她沉默了。

小B並沒有投簡歷給我所在的公司，倒是我的一個朋友拿不準主意，想讓我幫著面試一下，我一打開小B的簡歷，就被一條資訊震撼到了：每周堅持跑40公里。

然後與他聊的過程中得知，雖然讀研還沒畢業，已經在籌畫他的第二本書了，書的原創性雖然不夠，但這種有明確成長目標的年輕人，前途可期。

小C其實不是某個人，是一群人，我且稱之為小C們吧。我每次做培訓，不論是給集團內部做，還是給外面的機構講課，人數多一點的，我都會做一個「走東走西」的暖場遊戲，其實就是了解大家工作生活習慣的一種方式。

在我問出的「你是否經常鍛鍊」、「你是否經常閱讀」這兩個問題中，有很多人是站在原地不動的。

一個有閱讀習慣的人，對世界的好奇會引發自我成長的驅動力；一個經常鍛鍊的人，恆心與自律精神幾乎是肉眼可見的。

當我看到一個組織中絕大多數人在這兩個問題上站著不動時，我對這個組織的員工潛力是高度存疑的。

小C們在年終考評時也會和你振振有詞地說想輪崗之類的

成長打算，但你知道他們只是這麼一說而已，並沒有認真仔細地規劃自己的前程，工作上稍有難度就往後退縮了。他們內心早就做好了躺平的準備，集體躺平的結果便是一場「內卷」。

小D很不一樣，我和小D的深談是在他遞辭職報告的那天。小D很勤奮，人緣也好。正因為人緣太好，接了很多不該接的活，一會兒幫供應商查個付款狀態，一會兒幫某個女生寫一份會議紀要，然後每天加班到九、十點回家。

他說太累了，準備考研究所。他性格上的一個瓶頸問題阻礙了他的發展，他不會對無價值的事說「不」，所以我給他的建議是：與其花幾年升級一張文憑，不如去做半年的全職銷售，提升自己人際交流上的缺點。比如去賣6個月保險，然後你回來，我的門隨時為你開著。

小D認真想了一下，最後還是去考研究所了。望著他離去的背影，我有點為他感傷，一個人不願正視自己的性格瓶頸，用戰術上的勤奮來掩蓋戰略上的懶惰，這樣的勤奮只怕是原地踏步而已。

這A、B、C、D四號人，只有小B真正的成功了。對了，說一下小B的後續發展。小B加入朋友的公司，在一個國際並購項目中充分發揮了善於學習的能力，績效獲得高層認可，收入每年大幅提升，工作不到五年就在一線城市買房了。

小B每回見到我都要感謝我的面試推薦，其實我的推薦沒那麼重要，一個懂得投資自己未來的年輕人，閃光發亮是遲早的事。

看一個人的潛力為什麼要看成長型思維與自律的性格呢？

因為這兩樣分別代表了一個人身上形成效能閉環的兩個精神裝置：成長型思維是一個人成長的方向轉向器，而自律的性格則是一個將目標轉變成行動的轉換器。前者確保方向準確，後者負責輸送源源不斷的動力。一個人身上如果兼有轉向器與轉換器這兩個裝置，其人生道路基本上是跑贏的康莊大道。

下面具體說說這兩個裝置。

1. 轉向器──成長型思維

成長型思維這一概念出自德韋克《終身成長：重新定義成長》一書，他把人的思維分為兩種，Growth Mindset（成長型思維）與 Fixed Mindset（固化型思維）。

一個人的思維是成長型的還是固化型的，一個簡單的辨別方法就是看他找工作的選擇傾向，他是注重發揮自己的現有專長還是尋找沒做過但有發展前景的新領域，簡單來講，他是在享受存量還是擁抱增量？

我很感謝我的西門子新加坡公司的上司潘先弟先生，他是撥動我人生轉向器的啟蒙老師。記得我加入公司的第一周，他就提議讓我擔任一個跨部門的商務項目組長。

我當時很驚訝，對他說：「這些人我一個都不認識，我怎麼做組長？」

潘先生回答我時露出一絲狡黠的微笑：「正是因為你不認識他們才要當專案組長，專案做完，你與他們每個人就有深度接觸了。」

那次的成功經歷讓我明白了每個人身上都有的一個精神裝置：以價值為導向的轉向裝置。這個裝置不問過去的經驗與積累，只看未來的方向。沒有經驗就去創造經驗。為什麼說它是個精神裝置呢？因為它可以無差別複製應用。

你不了解某個領域，就去學習，並在學習後回來講授給其他人聽；你以前不擅長的東西，比如柔韌性比較差，那就去報個瑜伽班刻意練習，然後做雙手垂地的動作時，你可以秒殺周圍大部分的人。

在這個轉向器的精神裝置驅動下，你永遠在玩一個探索自我的無限遊戲，這樣的人生與成功目標無關，你在享受自我精進的過程，當然做著做著，一不小心做出了讓自己驚訝的成果。

2. 轉換器——自律的性格

其實定目標並不是最難的，真正難倒眾人的是將目標轉換成行動並最終修成正果的轉換能力，這就對應了一個人身上的另一個精神裝置，自律的性格。言必行，行必果，這就是自律這一轉換器的工作原理。

自律就像人的肌肉一樣，是可以一點點鍛鍊的。第一次鍛鍊，只能做30秒的平板支撐，第二次多5秒，第三次再多5秒，慢慢地，你可以做1分鐘、2分鐘，甚至5分鐘。

這自律的「肌肉」一旦練出來，你也可以複製粘貼到很多別的人生目標上，因為其背後所需要的支撐要素是相通的。

比如馬上行動的自我動員能力，萬事開頭難，快速行動起

來後面就順理成章了。在要不要出門跑步的猶豫中，你先把跑鞋給換了。

比如獎勵自我的即時回饋，每次完成一個有挑戰的目標就放鬆享受一下。我每次做完身體鍛鍊就允許自己玩一把數獨填字遊戲。

再比如遇到挫折時哄騙自己的講故事能力。我有時寫的文章閱讀數出乎預料的低，我會對自己說：「沒事，別人只是產生了審美疲勞，拓展點題材，繼續寫。」

反正，人生的道路泥濘陡峭，一路向上太不容易，不管是什麼軟磨硬泡的方法，什麼好用就用，用得多了，你的工具箱裡的工具就多了，你的轉換器裝置也會越用越靈，於是靜摩擦變成了較小的滑動摩擦，一步一步，你越走越遠。

人生最好的投資就是投資自己，而在投資自己的組合中，特別值得重倉投資的就是「成長型思維」與「自律的性格」這兩個精神裝置。

一棵樹，它的根每向下延伸1米，它向上成長的空間可以多出3米。投資的槓桿價值就在於把事情做在體系裡，然後讓時間產生複利效應。

擁抱增量，找對了方向後堅持不放棄。不論專業領域，不管外在是否認可，只要是做在這個體系裡的事，都是我們對自己未來的最好投資。

14 如何經營出你的好運氣

上週末在給高頓訓練中心做「想學就學」公益直播時，很多學生反映了一種無奈的心態，今年大學畢業生超過一千萬人，而一些網路等龍頭企業又在裁員，找一份好工作太難了，有點生不逢時的悲哀。

首先，我承認這樣一個事實：一個人要成功，運氣確實占很大成分的因素。那麼運氣是純粹的隨機巧合的偶然性，還是說運氣也有可以籌謀的可能性在其中？

埃里克・巴克爾曾在他的一本暢銷書中說到了外向與內向的人獲得好運的不同機遇。在美國做的一項調研顯示，特別外向的人，在普通人中的比例是16%，但在領導中的比例高達60%，顯然，升遷的機會更青睞性格外向的人。這不難理解，外向的人敢於表現自己，自然會獲得更多的嘗試機會。另外，一個外向的人對新生事物普遍有更開放的心態去接納，而新鮮的觀點與大膽的實踐往往會帶來變局的可能。

當然，內向的人也有內向人的優點，不論哪個行業，那些最頂尖的專家，比如科學家、樂師和工匠，都是內向者居多，因為那些需要1萬小時訓練才能成大師的技能，需要一個人守

得住寂寞，耐得住誘惑，而內向的人，普遍比外向的人更有專注力。

有一門學問，叫作運氣動力學，它研究運氣產生的原理與特點，從而打造出人生運氣最大化的組合演算法。這套演算法是這樣的，一開始要像外向的人一樣多做嘗試，一旦確定方向和方法，要像內向的人一樣堅持到底。

具體而言，在年輕時要多做不同的嘗試，比如職業、擇偶，所以常說大學裡必須要做的兩件事是實習與戀愛。甚至工作的前幾年可以換幾次工作，在不同的嘗試中找感覺。哪一種類型的工作最能激發自己的能量，體驗心流的感覺，是伏案做資料分析，還是做產品研發創新，抑或是當一名輔導老師？通過這些不同的嘗試去找到自身優勢與社會需求的交叉點。我曾在書中讀到一個具體的WOOP模型，幫你檢驗自己的夢想是不切實際的妄想還是值得堅守的理想，在這裡分享給大家。WOOP是四個英文字母的縮寫：

Wish：願望

Outcome：一個具象化的目標

Obstacle：與目標之間的障礙

Plan：具體的行動計畫

我曾用這個模型幫一個學員做過人生夢想梳理，這個學員的W，即願望是45歲獲得財務自由。這是一個籠統的夢想，具體通過什麼目標來實現自己的願望呢？在我的追問下，他說

要加入一家網路公司成為CFO並幫公司上市。下一步，障礙或者說差距在哪裡？我幫他列了一個簡單的上市公司CFO的能力要素清單：

角色	交付	能力
專家	專業解決方案	通曉財務模組知識
高管	推動企業變革	領導力、影響力
大使	講好企業故事	故事力、共情力

他看了這份清單後，發現自己原來對CFO的能力要求只停留在第一項專業技能上。影響力是自己一直比較弱的，而講故事的能力更是自己的命門，平時上臺做個報告都非常緊張。考慮再三，他放棄了這個念頭。

我當時是期待他接受這份挑戰的。如果他願意，那下一步就是制訂具體的行動計畫，比如下一個五年計劃，專門操練自己的影響力，具體行動可以是做一個跨部門專案的領導者，在沒有彙報關係的專案推進中，去學習如何說服他人，如何建立共識，如何用共同的目標激勵小組成員，諸如此類。

目標與行動計畫一旦確立，下一步就要練內功了。拿上面的影響力提升來說，就要列一個詳細的行動計畫，比如下面的一組行動清單：

- 參加領導力方面的系列培訓（5年3次）
- 閱讀有關領導力方面的書籍（每年讀10本書）

- 申請擔任專案組組長（一年內實現）
- 列出書單與相關課程（一個月內）

　　這個將計畫拆解成按時間表展開的行動點，就是一項標準操作。定好的行動，放到每周的周計畫時間表內，按時按點逐一執行。

　　我從運氣動力學裡獲得兩點深刻的感悟：

- 要做得早
- 要扎得深

　　什麼叫「要做得早」？運氣是可以累加的，20 歲的時候因為運氣獲得一個領先他人 5% 的身位，到了 30 歲，這個領先可能是 50% 甚至是 500% 的巨大優勢。早期的一點點優勢，可以隨著路徑依賴的複利效應，日積月累形成一個巨大的優勢。我是在 20 年前一個偶然的機會走上了企業的內訓師講臺的。當時公司在推廣「七個習慣」的企業文化，總裁希望中層經理能出來當講師做內訓。我是一個偶然的因素舉手報名的，沒想到講這本書的時候讓我不得不更自覺地去實踐這些習慣，比如用大石頭法則管理好時間，於是我的時間效能大大提升，到後來，我可以一年聽讀 50 本書，寫 10 萬字原創文章，再做 100 小時的授課與教練輔導。我很慶幸 20 年前自己的決定，一個帶來好運的偶然嘗試，竟演化出一系列的能力成長與外部機會。用一句流行的歌詞來形容：只是因為在人群中多看了你一眼……

所以，我給年輕人的建議是：多做嘗試，找到一個好的學習平台，比如「樊登讀書會」；跟隨一個行業專家（吳軍老師的課我都訂閱），加入一個社群（我2015年參加「未來商習院」的學習），這些嘗試會給我們打開一個個偶然的契機，只要有一條能帶來複利式成長的路徑依賴，你就可以踏上幸運的小舟，在人生的漂流中收穫一個個驚喜。

什麼是「要扎得深」？簡單來講就是堅持，堅持，再堅持。很多時候我們沒成功，不是路徑不對，而是扎得還不夠深。我上周輔導過一個學生，他說自己照著我的方法，用換位思考的方式，以總經理的視角寫分析報告，但兩次開會，總經理都無動於衷。我讓他扔了兩次硬幣，其實兩次都翻到你不想要的一面是很高機率的事件。但你扔十次試試，這時機率就會回歸到它的理論均值。只要方向與方法沒問題，就堅持去做，就算當下的總經理無動於衷，技不壓身，你練就的本領總有被看見的一天。

我覺得運氣是一項對每個人而言都公平的屬性，公平之處在於每個人都有將自己的運氣擴大一點的探索機會。正因為現在行業競爭激烈，就更要把握機會去積極嘗試，讓早期的偶發優勢成為自己人生演算法加持下的持續滾大的雪球。該外向的時候積極出手，該內向的時候苦練內功，直到某一天，你可以傲嬌地謙虛一番：「其實我沒做什麼，我只是比別人多了一點早先的運氣……」

15 你是否有意培養可疊加的進步

讀中學的兒子在跟我講三國中的人物時，與我討論過這樣一個問題：到底是現代人厲害還是古代人厲害？他覺得張飛能使80斤長矛，其體力要甩現代人好幾條街。但是，從人的壽命與對自然的掌控力上，似乎現代人比古代人高出不止一個檔次。

我跟他分享了吳軍老師《全球科技通史》中的一個觀點：人類的進步是一點點疊加起來的，而這種疊加的具體形式就是保存下來的知識。如果把人類所有的圖紙、史書全部銷毀，新出生的一代未必能勝過古人，德、智、體各方面可能都會完敗於古人。

把歷史的長河濃縮到一個人幾十年的人生裡，從中獲得的一點啟示便是：要做一個智者，一定要學習獲取可疊加的進步，而且要為此做刻意練習。

上周，一位朋友的孩子小L，就職場發展的困惑向我請教。此處，我抽取最重要的細節，隱去個人資訊，給大家呈現以下的對話，看看可疊加的進步對一個職場人的具體影響。

小L：老師，我做的是私人銀行的客戶服務，其實工

作很瑣碎，就是給新加入私人銀行的客戶開信
用卡，上門現場辦理開卡業務。

　我：你做了幾年了？

小L：3年了。

　我：你的困惑是什麼？

小L：我好歹也是研究生，他們招人的門檻那麼高，
　　　但做的工作卻是連中學生也會的，每次錄入客
　　　戶資訊、拍照、念一遍風險提示及客戶利益條
　　　款。3年下來，感覺荒廢了青春。

　我：你說的都是事，我沒聽到關於「人」的事。

小L：人？什麼人？

　我：你自己啊，還有你拜訪的客戶。你有沒有想
　　　過，你碰到的都是高淨值客戶，這些人都是有
　　　閃光點的。你有沒有想過用網路的「打法」，把
　　　每次的客戶拜訪作為資料入口，獲取寶貴的人
　　　際關係。

小L：沒聽明白。

　我：很簡單，從訪談做起，把訪談作為一項本領來
　　　操練。你一個小時的拜訪，可以將50分鐘視作
　　　為常規動作，最後的10分鐘視作自選動作。體
　　　操比賽裡最後比出高低的，靠的都是自選動作。

小L：我倒沒想過，這個訪談具體怎麼做呢？

　我：你們私人銀行客戶的入門標準是多少？

小L：房產以外的貨幣存款不低於800萬元。

我：能達到這個標準的，很大機率是在搜尋引擎上搜得到的人，比如企業家、行業牛人、藝術家之類的。出門之前搜一下這些人的背景資訊，摘錄幾條，然後見面的時候，找個合適的機會談一談其中的某個話題。比如，「聽說您原來是練體操的，這體操與寫書法有什麼關係？」又或者「您大學讀的是天體物理，現在投身教育事業，我很好奇是什麼引發了您的這個轉變？」

小L：啊？還可以這樣拜訪客戶？是啊，我怎麼沒想過呢？而且這些人都很有「料」的，就像您，聽我叔講，您還在大學做兼職教授。

我：如果你叔沒告訴你，你是否就不會談到這一條資訊了？

小L：嗯，是的。

我：大多數人都是這樣過的，以一種進入預設模式、不加思考、隨大流的方式生活著（Live by Default），缺乏人生的自我設計，獲得的資訊是被動資訊。與此相反，一個敢於用設計來主導人生的人（Live by Design），會主動去搜索資訊，不只是做表面上被賦予的事務，而且會思考自己從中的成長機會，自己在當下的這個場景中能獲得怎樣的可疊加的進步。

小L：沒錯，我之前壓根沒想過。

我：剛才我說到「人」的事，就是通過訪談獲得自

身能力的提升。在我看來，訪談做得好，可以練就一個人三方面的能力。

小L：哪三方面的能力？

我：這樣吧，我正好想到三個英文單詞的縮寫，我給你畫個模型吧。

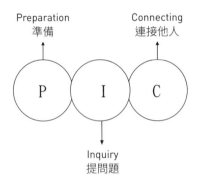

以上這個PIC模型，P準備（Preparation）；I提問題（Inquiry）；C連接他人（Connecting）。

小L：您具體說說。

我：P，準備，凡事預則立。你可以通過每次的訪談，養成「沒做好攻略不出門」的習慣。提前搜集客戶的各種資訊，然後設計一個合理而自然的問題入口。沒有準備，靠臨場應變是很不靠譜的，藝術家創作也要先做設計初稿的，什麼一蹴而就、靈感四溢，這些可不是生活的真實情形。

小L：明白了，就像您前面舉的例子，一個具有跨界經歷的人，在成功之後對自己的轉型經歷會感到自豪的，我要是找這樣的問題切入，對方一定會侃侃而談的。

　我：沒準他會把後面的會議推遲，給你講一小時，而不是十分鐘。

小L：第二個I，Inquiry，提問題代表什麼呢？

　我：在一個答案隨處可見的搜索時代，答案並不稀奇，會提問題才是真水準。以色列是一個人口950多萬人的小國，卻獲得十多次諾貝爾獎，人均獲獎者之高與他們教育中重視提問的傳統分不開。孩子放學回家，父母不是問他考了多少分，而是問他今天在課堂上有沒有提問？

小L：從上面您隨便舉的例子中，我也看出來了，一個問題問得好，比如問一個跨界者的融合經歷，這很可能是他的獨門優勢，對方一定會樂意分享的。

　我：對。這個I，會提問的話，還能提升你的情商。

小L：嗯，用這種換位思考的方式去提問題，一定會引發共鳴的。

　我：第3個C，Connecting，連接他人。其實，你現在就可以做一件事，每訪談一個客戶，建立一張客戶檔案卡，比如上面的兩個例子，我們可以對他們做出畫像檔案卡。

小L：哇，這真是讓我腦洞大開。這些人的有趣經歷，個人金句，都將是一筆精神財富。

　我：這些卡片積累到一定程度，你就可以成為一個連接者了。比如 W 要新開一所學校，你可以讓 Q 寫一幅書法掛在學校的大堂。這 Q 的孫子想上好的大學，W 也可以為他做擇校指導。

小L：我完全沒想過這些，不過經您這麼一說，這是完全有可能的事，看來我是躺在一棵金樹下發愁呢！

　我：這些只是可能性，連接他人應當是水到渠成的事，重要的是你從中獲取的能力。每一次訪談結束，回來做一個整理筆記，思考一下 P 能否做得更充分一些；I，提問題的時機這次把握得是否有問題；C，每個人都要給予一個特徵標籤，存到一個通訊錄裡，方便搜索。

小L：您剛才說的讓我想起了自己最喜歡的人物——楊瀾，她做的訪談節目特別棒！我想她在訪談中一定經歷過這個 PIC 的逐步提升。我：沒錯，很多人只是羨慕她在好的平台工作，其實會不會利用平台資源，操練自己可疊加的能力，這才是每個職場人最該關心的。楊瀾的成功首先歸功於平台，但有太多的人不懂得利用平台環境提升自我。

小L：真的太感謝您了，您講得具體而實在，讓我一

下子豁然開朗。

案例就說到這裡，小 L 的處境與困惑，相信很多人都有，年復一年地做重複的工作，眼看著青春被耗盡，曾經的詩與遠方好像已不復存在了。其實，遠方從來不是憑空產生的，不是人生走到某個檔口，突然呈現一片世外桃源的，遠方是無數個具體的當下向前延展的結果，沒有積累，人生就會止步不前，一生碌碌無為。但是有了可疊加的進步，在每個工作場景下刻意操練的一項項技能，比如小 L 同學的 PIC 技能，這樣的技能若能日積月累，成功便是水到渠成之事。

在一件事上做一百次低水準的重複，就如同袋鼠，別看它起跳很高，但是每次落地之後又全部清零了，永遠停留在同一個高度。再看無尾熊，傍上一棵樹，每次進步一點點，到最後，高處的嫩葉不是被袋鼠而是被無尾熊吃到的。

做事要學無尾熊，而不是袋鼠。不要嫌棄你傍上的那棵樹，每個組織都有它的特點與問題，但共通之處是，它給了你一個免費成長的平台。

每次對客戶的拜訪，每回部門間的爭論，每個流程中的差錯，只要做個有心人，都可以將它們轉化為自己成長的養分，從錯誤中學習提高，從他人的教訓中引以為鑑。當你確信自己每天都在成長時，你便不再焦慮，甚至能感受到一種從未有過的掌控感。

16 面對人生不確定性的三個層面把控

　　最近在論壇上做了一個關於匯率專題的講座，對於像匯率這樣受很多不確定性左右的超級複雜話題需要一些系統性的應對方法。關於匯率管理我總結了三個面：基本面、影響面與控制面。其實，我們每個人的人生起伏也如同匯率的波動一樣，有上有下，人的一生同樣存在這三個面。下面，就借鑑匯率管

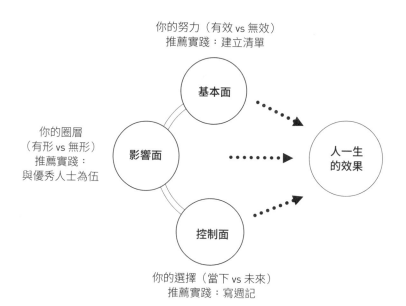

你的努力（有效 vs 無效）
推薦實踐：建立清單

基本面

你的圈層
（有形 vs 無形）
推薦實踐：
與優秀人士為伍

影響面

人一生的效果

控制面

你的選擇（當下 vs 未來）
推薦實踐：寫週記

理的思路，談談人生管理的三個面。

1. 基本面

匯率的基本面由一個國家的生產效率所決定，匯率的內在價值上升靠的是人均生產率的提升。對於個人而言，基本面就是一個人的努力程度與效率。

一個人要想過得體面，就得努力工作，努力的本質不是與他人爭奪資源，而是與自己較勁。今天靠大學的專業知識謀得一份體面工作的職業白領，要居安思危，重新設計人生跑道，開發右腦技能以免被人工智慧機器所替代。

人的基本面有沒有成長，就看一條：精進。我用一個不等式闡述：$1.001^{30} > 1.000^{365}$。

沒有提高技能的重複工作，幹365天還是原地踏步，而一個懂得精進的人，會著眼於每次工作的提高，哪怕是一點點的小進步。比如在客戶退貨上做一個原因分類；新員工的培訓教材裡加入最近發生的安全事故案例；在報稅清單上加上一條關聯公司交易核查。所有這些，都會起到自我精進的作用。

臺灣首富王永慶就是這樣日復一日地精進，白手起家一步步從米店老闆成為塑膠大王的。他最早挨家挨戶送米時，會比別人多做一個步驟，將顧客米缸裡的剩米騰出來，把新米放在下面，陳米放在表面，避免陳米永遠吃不到而發霉倒掉。

關於精進，我要分享的一個實操方法就是建立控制清單。無論是以前財務基礎工作做的月報常見錯誤FAM（Frequently

Appeared Mistake）清單，還是審核合同的合同風險控制清單，甚至做兼職的培訓工作，在教室的布置、道具的準備以及事例的替換上，我都一一建立控制清單，比如下面的這張圖，就是我做習慣培訓課程時一點點積累出來的控制清單，從課程內容的比例到後勤組織的細節，不一而足。

習慣培訓程控制清單

課程內容

-H2頭頁愛麗絲故事換成愛因斯坦乘車的故事較好

- 課程結束時講個「兩兄弟打麋鹿」的笑話做提醒

- 同理心換用丹尼斯講的執行槍決的個人體驗作例子（為何原諒理查德）

-H5同理心傾聽不要忘記提醒大家：不是所有的話題都需要同理心的傾聽的

組織與後勤

※ 事前準備

- 培訓室後排留一些空間（20-30平方米），以方便遊戲（扔網球、狼抓羊）

- 無線麥克風的使用：提醒組織者帶上足夠多的備用電池

- 奧林匹克遊戲需將小組分開，最好事先準備單獨的幾個小會議室

- 叢林探寶遊戲不要用黏性膠帶移動棋子，會撕壞地圖，改用磁鐵吸塊

※ 培訓技巧

- 課程評價放在個人感想發言之前做，以保證反饋質量

- 為避免經典的事例忘了講，做一張示意性的圖片提醒自己

- 分組討論時，B組發言時，可讓A組提問，C組點評，以使參與度最大化

2.影響面

　　人一生的作為，在很大程度上是受自己的圈層決定的，就像一個國家的交易夥伴結構影響著它的匯率波動，一個人的成長很大層面上受他的人際圈層的影響。有一個說法，你最常聯

繫與交往的六個朋友，決定了你的眼界、潛力與機會。這種是有形的影響，還有一種無形的影響，前者受制於你的生活城市和行業等外在約束，後者則有更多的自我掌控力。比如你選擇讀怎樣的書，觀看哪個精英的節目，這些內容會對你產生潛移默化的影響，漸漸地，你的氣質會接近你欣賞和崇拜的人。

有一個練習，大家不妨做一下，寫出你特別景仰與欣賞的三個人，以及他們身上各自吸引你的三個特質。這個三乘三的九宮格會慢慢地塑造你，成就你。在我的九宮格裡，主管潘先弟對我的性格塑造有著積極的影響。

我景仰的三個人以及他們的三個吸引力

吳軍	分享精神	效能思維	多維發展
李開復	積極主動	善於溝通	反思精神
潘先弟	培養下屬	挑戰常規	鍛鍊身體

對於影響面，我的實操推薦是做一個終身學習者，不光是學硬知識，更要與比你優秀的人為伍，我參加的哈佛高管領導力班就極大地開闊了自己的眼界。有個笑話是這樣說的：當比爾‧蓋茨走進一間酒吧，這一屋子人的平均收入立馬上升了一個數量級。我想把這個故事再反轉一下：當你走進一間坐滿了比爾‧蓋茨、巴菲特、達利歐這些人的酒吧，你就不需要被平均了，他們隨口說出的一條資訊，也許就能讓你受益無窮。

3. 控制面

　　每個人的當下都是由過去一系列的選擇與決策塑造而成的。同理，向前展望，我們的未來又是當下的選擇與決策種下的因。

　　最近在練游泳，游了半個小時就想歇息了。回想十八歲的我，暑假裡每天兩個小時的高強度器械訓練，真不敢想像自己當時是怎麼做到的，或者說句扎心的話：我還是原來的那個我嗎？

　　當然，昨天的我絕不是事事明智，今天的我也並非一無是處，我想說的是：沒有反思，我們根本無法把握自己。

　　對此我的推薦實踐是寫週記。我每周都會對過去七天發生的事寫一份系統的總結，我用兩個 R 表示：Rewind + Reflect。Rewind 就是磁帶倒帶的意思，把過去幾天值得回味的某一刻記錄下來；Reflect 則是對此做進一步的反思。比如下面的這張圖是我的一次 2R 週記列表。

11-09 至 11-16 | 週記 Rewind +Reflect

Rewind（回想）	Reflect（感想）
☐ 帶一個遠道而來的、喜歡跑步的朋友去金雞湖步道跑步	☐ 最好的款待是參考對方的興趣點，讓他獲得一種特別體驗
☐ 與 SSIS PE 老師交流打分的原則	☐ 同理心傾聽更易形成共識
☐ 開無犯罪記錄證明，發現辦公地遷移了	☐ 出門前要電話確認一遍，網上公布的資訊未必準確
☐ 拿到一位「90 後」的簽名書，一個新媒體人的成長見證	☐ 做事的時機很重要，自己的自媒體錯過了 2015 年的黃金時段
☐ 與即將離職的廠長早餐會面，碰到即將接任者	☐ 敏感的見面會，對見面地點的選擇要謹慎

其中的第二條，關於孩子在學校成績打分的問題，如何和老師溝通，既要尊重對方的觀點，同時又要表達自己的意願，這是一個極好的操練同理心的機會，我做過很多需要同理心的教練輔導，沒有一次能像這一次，以幾乎完美的方式結合了「溫和而堅定」的溝通方式。

可惜沒有全程錄影，不然可以成為日後自我校正的培訓資料。這樣想是不是有點自戀呢？其實，寫週記就是一種自戀。但仔細一想，比起對自己毫無責任的自嗨，自戀其實也是一種自愛、一種美德。

愛自己，既是一種態度，更是一種能力。自愛的能力，從人生的基本面、影響面和控制面操練起來。

17 基因版本與基因表達，到底哪個在左右命運

最近在聽萬維鋼解讀的薩波斯基的新書《行為》，其中有一篇講到了一組有趣的對比概念，基因版本與基因表達。基因的版本決定了人與人之間天生的差別，而基因的表達則由後天環境決定。即使你有某種基因版本，但開啟的關鍵是需要外界機遇的觸發的。

就以語言能力來說吧。我有一個鄰居是從西北遷移到江南生活的。十年之後，她能講一口流利的上海話。這說明，換了一個促發她基因表達的環境，她把人類能學習不同方言的基因版本給表達出來了。

我是一個多樣性的推崇者，無論是公司裡團隊成員的跨界融合，還是自己的職業發展設計，我一直認為多樣性可以帶來更多的學習與提升機會，學習了薩波斯基的基因表達理論後，讓我對此更加堅定了信心。

人的命運到底是基因決定的，還是後天決定的？這個問題有點寬泛，我們不妨問一個更有場景特徵的問題：成長在原生家庭環境好和環境差的孩子，哪種孩子受基因版本的約束更大一些？或者說宿命論更可能發生在成長環境好還是成長環境差

的孩子身上？

　　答案是原生家庭成長環境差的孩子更大程度上會受基因版本的制約，因為後天環境的制約可能讓他們潛在的基因表達難以實現。

　　由此，我想到了教育的本質與家長的義務。教育的使命就是打開各種可能性，教育最不該發生的事就是去限制孩子的基因表達。很多家長與老師喜歡用基因版本的宿命論觀點評判一個孩子，比如一個驕傲的父親會說出這樣的話：「嗨，你有我小學時一半的數學天分就不是今天這樣的成績了。」

　　一個真正懂得自戀的家長不應該拿孩子與自己比，而是應該通過自己的努力給孩子創造基因表達的機會，讓自己優秀的基因版本在下一代身上發揮到極致。

　　我對基因版本的人際差別僅僅停留在表面特徵上，反過來，在心理層面，我倒是覺得沒必要那麼嚴格地定義性別區別，性別的外在屬性要清晰，但內在屬性可以模糊一些。我們認為傳統上屬於女性特質的優點有溫柔、耐心、體貼等，而男性則有勇敢、堅毅、擔當等優點，其實這些特點都取自於人類共同的基因版本庫，只要是屬於這個基因庫裡的，每個人都有機會去表達比如女性在自己的孩子受到危險時，也能展現出超乎尋常的勇敢。同樣，男人在他在乎的女人面前，也會表現出溫良柔順的一面。

　　由此，我對性別的定義自創了這樣的一個公式：

人的性別特徵＝X％「男性特徵」＋Y％「女性特徵」（X

+Y =100）

　　這個 X 與 Y 的比例是一種動態平衡。如果場合需要，一個女性可以調用並呈現出100%的男性力量，反之亦然。其實所謂的「男性特徵」與「女性特徵」都是帶引號的，並不存在專屬於男人或女人的性格特徵，這就像量子力學的光子衍射效應，你無法確定下一個光子一定落在中心區域，你只能說根據資料統計，它落在中心區域的概率更高一些。

　　人的性別特徵也存在這樣的波粒二象性。所以，真正的問題是如何讓基因版本中隱性的部分有機會表達出來。人類同出於一宗，每一個生命都是歷史的一部分，既從基因版本中提取，又用探索添加了自己的基因表達。每個人出生的那一刻，就彙集了君王、詩人、工匠、樂師、將軍的各種基因特質。

　　我覺得最有魅力的人，是融合了男性與女性美好品質的中性人。一個成熟而有智慧的人，一定在不斷完善補缺自己的性格弱點，這種補缺，就是一個男女各自向另一個方向發展融合的過程。到了一定程度，面對任何複雜的局面，都能從心所欲地表現自己。需要決斷時能拿出擔當的勇氣，需要理解時能表現出傾聽的體貼。

　　有一句育兒經是這樣說的：男孩窮養，女孩富養。我覺得無論男孩還是女孩都要放養，這裡的「放」不是放任不管的意思，而是父母要給予足夠的機會讓他們放飛，讓他們去探索最符合自己心性特點的基因表達，並為此做必要的物質預備和精神陪伴。

人生是一場馬拉松長跑，能跑到終點的都是那些中途不放棄的。要不放棄，你得有足夠強大的精神動力鞭策自己堅持下去，這種精神動力就是我們常說的passion—激情。

　　激情一定是由內而生的，是外部無法注入的。激情如何產生呢？沒有捷徑，只有等待。在等待中多做嘗試，在嘗試中讓孩子學會自我認知，了解自己的稟賦，明白自己的長處與缺點。在嘗試中經歷挫折，體會心流，慢慢地，自己的人生夢想就有了一個雛形。

　　一個人的想像力是要有豐富的生活探索作沉澱的，所以父母能給予孩子的最好禮物，是為他的人生探索提供盡可能多的嘗試機會，直到他找到自己的心聲。

　　你無法選擇自己的基因版本，但可以為自己創造更多的基因表達機會。父母沒能給予太多機會，那就善待自己，從現在開始，給自己多一點的嘗試與探索。百年人生，來日方長。

18 你的「時商」有多高

「時商」，我指的是時間商數，就如同我們熟悉的智商和情商，「時商」可以勾勒出另一個維度：我們在時間面前有多聰明。

下面來做一些測試題。

1.時至深秋，作為吃貨的你終於盼來了大閘蟹上市的季節。你找到一個線上訂購平台，發現商家有這樣的選擇，你會：

A. 下單當天送到，88元/個

B. 下單十天後送到，68元/個，限訂10個

2.你的容量為32 GB 的智慧手機裡已經存放了上千張圖片，最近在拍照，特別是錄製影片時，時常會有惱人的「容量不夠」的提示出來，你會：

A. 刪除一些影片與照片，騰出足以滿足當下需要的空間後繼續使用

B. 索性花個20 分鐘，刪除無用的照片並將不需要在手機上調用的照片與影片轉出存儲到電腦中

3. 你有三個銀行帳號，每個帳號都有一些閒散的現金，加起來也有好幾萬元，你會：

A　先放著，等哪天有空再處理

B　花上一個小時，用這些錢買不同的理財產品

4. 你新買的無線印表機無法實現一機多聯滿足多臺電腦共用的功能，你按說明書操作了 20 分鐘仍無法解決，你也不確定是否是自己的電腦制式問題，這時你會：

A.繼續琢磨各種除錯，包括上網閱讀用戶經驗分享，嘗試自己解決問題

B.打個服務熱線，以100 元/ 時的價格找人上門解決

5. 你住在一個高層的酒店，在淋浴間洗澡時，發現水放了 20 秒後還是冷水，你會：

A.把水龍頭撥向溫度更高的一端，希望熱水早點出來

B.什麼都不做，耐心等下去

6. 偏愛甜品的你，面對一個蛋糕，你會：

A.先把上面最喜歡的奶油給吃了

B.先吃下面的蛋糕，把最好的留到最後

7. 在開始一周的工作前，你會：

A.按領導交代的任務或電子郵件，與電話中碰到的事項一一展開一周的工作

B. 花上15分鐘，專注地做一個本周規劃，列出本周
必須完成的幾項大事

8. 你發現一個好玩的App，輸入你現在的照片，它可以生成你80歲的樣子，看完之後，你會：

A. 一笑了之，或者覺得好玩發到朋友圈裡

B. 不能接受自己的老態，立即制定一個健身養生的
計畫

每一題，若選A得0分，若選B，前七題每題得1分，最後一題選B得3分，滿分10分。算一下自己共得了多少分？

如果不足5分，說明你的「時商」不高，你要學會與時間做朋友。

如果得到7分或更高，說明你有很高的「時商」，是一個善於用時間槓桿來提升人生效能的人。

下面說說「時商」到底是什麼。先說一個「延遲滿足」的概念。

斯坦福大學著名的心理學教授沃爾特·蜜雪兒曾對一群孩子做了一個長期跟蹤的心理測試，他給一群4歲的孩子提供了以下選擇：

立即可以吃一顆糖。

如果現在不吃，等到主人回來再吃，可以獲得兩顆糖。

結果，自然就會出現兩類孩子，一類選擇馬上享受；而另一類，會為了獲得第二顆糖而延遲享受。心理學家進而對這兩類孩子進行了長達10年的跟蹤調查，結果發現選擇延遲享受的那一類孩子，數學和語文的總成績比早吃糖的孩子平均高出120分。

上面測試中第一題與第六題都是關於延遲滿足的取捨，第二題可以理解為延遲滿足的反面表達：用即時的犧牲來獲取日後長久的便利。延遲滿足本質上就是一種利用時間差異將資源最大化的思維模式。

「時商」高的人的另一個特徵是懂得做「時間的朋友」。

巴菲特說過這樣一句話：複利是世界上最偉大的發明。這裡有這樣一個公式：1.01365=37.8，假設數字1代表每一天的努力，1.01代表每天進步一點點，365次方代表一年的365天，則365天後等於37.8，結果遠大於1。用這個公式說明努力的結果可能誇張了一點，但確實道出了時間的疊加效應。

上面測試的第三題是關於理財方面的時間價值，犧牲當下的一個小時，讓自己躺著掙錢。哪怕一天只有十元，但一年下來就是三千多元，除非你現在一個小時的機會成本超過這個數。

做「時間的朋友」，另一個更為深遠的影響是行為習慣上的累加效應。比如，每天鍛鍊半小時，讓心血管病遠離自己；每周寫一篇有品質的工作學習總結，讓自己每做一件事都有不同層面的提高；每年做一件善事，讓自己的精神世界更加充實。

第四題測評的是你的資源整合能力，是否會巧用當下富餘的金錢資源換取無法替代的時間資源。用錢買時間，用別人的

優勢將自己從不擅長的事務中解脫出來，將時間效用最大化，從而提升時間效能與生活品質。

第五題測評的是你的時間週期概念。凡事都有時辰，做事得遵守從啟動到結果的時間規律。揠苗助長，不合時宜地干預只會適得其反。

第七題測評的是一個人是否有「以終為始」的做事習慣，用結果來反推過程，進而規劃當下最適合的行動。不考慮結果的最終呈現方式，直接就做的人，往往會走彎路，浪費很多時間。

最後一題，則是讓我們穿越時空的隧道，與「未來的自己」交朋友。與「未來的自己」建立情感連接，讓自己在當下做出更好的選擇，這是「時商」背後的人生智慧。對於那些掙扎在各種不健康習慣中的「癮」君子，大衛‧德斯迪諾在《情緒：為什麼情緒比認知更重要》一書中提到：

> 給未來的自己寫一封信，通過與「未來的自己」對話，加強兩者的情感聯繫，敦促自己為避免遺憾而提早謀劃。

最好的投資，是投資自己。而所有的投資，都是用時間的槓桿將財富最大化，無論是物質財富還是精神財富。

一個「時商」高的人，一定是一個懂得投資自己的人生贏家。

⑲ 資歷也能證券化

今天中午的知識會是我主講的，話題是證券化。

我先給大家放了一段劉潤老師「五分鐘商學院」的音訊，講的是「商品證券化」這段音訊裡講到了一個有趣的故事，或者說生活中的商業案例吧。

中秋節，大家都有用月餅送禮的習慣，一家月餅廠就推出了一種月餅券，面值 100 元，然後以 65 元的價格賣給經銷商。接著，經銷商用 80 元的價格賣給某公司的人力資源部，這家公司便把月餅券作爲福利發給每個員工。員工拿到了月餅券，並沒有去領月餅，家裡已經有很多了，於是用 40 元的價格賣給了「黃牛」。「黃牛」轉手又用 50 元的價格賣回給了那家月餅廠。根據這個故事描述的情形，分別計算工廠、經銷商、公司、員工以及「黃牛」的所得。

大家先自己想一下，算一下各家的得失。

我把這個交易做了如下表的列示：

	工廠	經銷商	公司	個人	「黃牛」	合計	
出價	65	80	—	40	50	235	（GDP）
進價	（50）	（65）	（80）	—	（40）	（235）	（貨幣流通）
淨得	15	15	（80）	40	10	0	

從這個列表可以看出，社會總福利沒有變化。一家出錢，眾人得益。你可以理解成「公司」發了一個「中秋快樂」的微信紅包。80 元的紅包，被群裡的 4 個小夥伴分走了，得到最高的是「個人」，最少的也有 10 元。

大家連月餅的影都沒見著，就拿公司的錢各自高興了一下。

也許你覺得匪夷所思，這家公司是不是太傻了，憑什麼發 80 元給很多無關的人享用？

換一個角度，如果公司確實買來一盒盒的月餅，很可能是以 100 元的價格，買了實際價值只有 20 元的月餅。溢價的部分，就是這盒月餅的虛擬價值，這虛擬價值為何會是實體的好幾倍？

一件商品有實質與虛擬兩部分的價值。那一個公司、一個人呢？我讓大家分組分列予以討論，下面歸納一下大家的討論結果：

公司：管理、員工、客戶關係、智慧財產權、行業前景。

個人：技術、文憑、人際關係、實踐能力、市場機會。

正好幾天前，公司收到一個大客戶的品質評級證書，這個客戶是中國工業界少數幾個領先世界的知名企業。能得到這類公司的 A 級評定，這是莫大的榮譽。

我把這張證書做成截圖發送給大家看的時候，特意讓大家看了上面提到的每個員工的名字，有品質部的，有項目部的，有生產部的，從經理到總監。這種證書對於上面的每個人，都是一份很重要的證券化證書。

感謝信

XXXX 電子公司：

在最新一輪的品質體系考核中，貴公司獲得了 A 級評分。感謝貴公司在品質管制中付出的一貫努力。

特別需要表揚的是以下人員：
品質部：王某某（總監）劉某某（經理）
生產部：張某某（經理）
項目部：魏某某（經理）

XX 集團消費者事業部
品質管理組
2016-11-11

證券化是一個金融術語，通俗地講，就是把未來的潛在價值打包標價。對於個人而言，未來與歷史也是密不可分的，只是很多人不知道該如何打通。

我覺得有以下幾點值得去做：

1. 定格重要時刻

比如去客戶公司，與對方負責人合個影，這張照片就把你「有資格去見這樣一個大人物」所需的所有能力做了最好的背書。哪怕只是去知名公司送個檔，也最好留個影。你去一家公司實習，不要就這樣走了，找熟悉你的經理寫一封證明信，將你做的項目與相關技能定格在這封證明信中。證券化的價值，說到底就是減少溝通成本，方便市場流通。

2. 留存重要文檔

公司的各種獎勵證書、培訓記錄、年度績效評估檔案，甚至領導曾經給你的往來電子郵件……這些都要一一保存。就像我前面說的，客戶公司在發給管理層的表揚信上特別提到了你，這也許只是你上萬封電子郵件中的一封，但你一定要把它摘出來，這是你個人證券化的重要組成部分。

3. 無形資產建設

大家從月餅券的流通中可以看到，月餅公司不用交付一塊月餅就可以白賺 15 元，靠的就是無形資產。個人有哪些無形資產可以經營呢？其實有不少可以去嘗試，比如創建範本。很多科技（IT）公司打破了頭都要去定義標準。一樣的道理，你創建的範本越多，你的價值才能通過這些範本傳揚出去。設計

圖紙、對帳清單、專案規劃，到處都有範本可建。

4. 能力標記

最好有某一專項能力的標記（Icon）。人家一想到自貿區海關操作，噢，這個得找小劉；人家一提到財報準則，噢，這個最好找老王。在自己的體系裡形成這樣的品牌效應，這就是一種「虛擬資產」的建設。

實在想不到什麼特別的，就做一個靠譜的人吧。靠譜，在未來會越來越有價值。當然，如果有機會，最好可以找個專家為你背書。

20 做一隻會搭狐狸順風車的刺蝟

最近卡達足球隊出人意料地獲得了亞洲盃冠軍，而且對亞洲排名前二的伊朗與日本都是大勝。回想該球隊在 2018 年世界盃預選賽中表現欠佳，如今為何會有如此驚人的成就？我跟蹤了卡達足球的一些報導，想到了一個成功的公式：成功＝正確的方向＋堅持。卡達足球的成功，就是堅持青訓，十年磨一劍才有的結果。即使中間有反覆，但始終堅持不棄。

這個公式，讓我聯想到西方寓言故事裡的兩種動物：狐狸和刺蝟。古希臘詩人阿基諾庫斯流傳下來的一句殘詩中這樣寫道：狐狸千伎百倆而有盡，刺蝟憑一技之長而無窮。在西方的哲學體系裡分別用這兩種動物形容兩類人格：

狐狸型人格：以萬變應萬變，隨時調整自我，以求快速適應環境的變化。

刺蝟型人格：以不變應萬變，將看家本領操練到爐火純青的地步。

讀者朋友們，你覺得你是哪一類人格呢？你會認準了一條

道堅持到底，還是覺得下一條路才是最好的，隨時準備切換到更有效率的路徑上去？

應該說，這兩種人格各有利弊，狐狸型專家善用環境資源，刺蝟型專家則專注於開發自我。

我很喜歡吳軍老師在他的科技史綱裡歸納的「能量」與「資訊」這兩條主線來梳理人類的科技進步，在此，不妨借用他的術語，「狐狸」是資訊型的，而「刺蝟」則專注於提升自己的能量級數。

我個人覺得，在資訊傳播成本驟然降低的資訊時代，做「狐狸」相對容易一些，現在有各種資訊推送，加上自己主動訂閱的學習頻道，要理出一條適合自己的道路，甚至具體的方法與套路，並不困難。在理清了方向，知道了自己該做什麼之後，餘下的就看自己的「刺蝟」技能了，能否堅持下去，直到成功。

在闡明了要將作用力聚焦在關鍵行為之後，剩下的就是如何將「革命進行到底了」。

目　標	關鍵行為	說　明
工作達標	覆盤	磨刀不誤砍柴工，研磨帶來精進
管理下屬	回饋	下屬有了成長，才能有水漲船高的高績效
鍛鍊身體	排序	重要的事情給予時間上的優先安排
學習提高	提煉	勤動筆多總結，不然別人的東西永遠是別人的

如何堅持？又有哪些成功的案例值得我們借鑑呢？我對上

面這張表做了如下延伸：

目標	關鍵行為	堅持到起作用	成功案例
工作達標	覆盤	一次覆盤未必能挖出核心問題	橋水基金的「驗屍」原則
管理下屬	回饋	習慣的培養需要時間的積累	《傅雷家書》
鍛鍊身體	排序	排序的過程是梳理價值觀	林丹的長青不老
學習提高	提煉	積少成多，由量變到質變	路遙的《平凡的世界》

下面我簡單說明一下：

1.覆盤

瑞・達利歐領導的橋水基金是當今資產規模最大的對沖基金，每個項目結束之後，他的團隊都會做一次徹底的覆盤。

對項目的各個細節覆盤回顧，尋找改良空間，世界第一可不是一蹴而就的，關鍵是有瑞・達利歐這隻咬定原則不放鬆的老「刺蝟」。

2.回饋

回饋著力於行為的改變，而行為的改變往往受習慣的支配，或者說抑制。傅聰在彈琴時身體經常會搖擺，作為父親的傅雷不僅給予動作糾正的回饋，而且從生活諸多的事例中告訴兒子，要從修養做起，比如敬語的使用與得體的著裝。一個鋼琴大師是通過經年累月這種多層次、多管道的回饋成長起來的。

3. 排序

時間的排序，先做什麼，後做什麼，背後反映了一個人的價值觀。時間表對應的活動，往往只是表像，看林丹的身材，肌肉的雕塑其實是用意志力這把鈍刀日復一日雕刻出來的。即使飛行到異地參加商業活動，回到酒店，林丹都要去健身房做上兩個小時的體能訓練。

4. 提煉

量變會促成質變，過程需要歲月的沉澱。路遙在寫《平凡的世界》時，一共花了六年，前三年一直在做資料的搜集與提煉。爲了讓作品更眞實反映當時的生活場景，他找來了十年的《人民日報》，一張張地翻閱，從中提煉有價值的背景素材。翻到後來，手指上的毛細血管都暴露了出來，手指擱在紙上，如同擱在刀刃上，後來只好改用後掌翻閱。這樣的積澱，才成就了一本曠世佳作。

上面談到的一些書籍，都是一隻只給大家提供參考方向的狐狸，能否立地成「圈」（刺蝟打滾的球圈），還得靠自己的功力。

是做狐狸還是刺蝟？讓我借用王煜全老師的一句話：做一隻會搭狐狸順風車的刺蝟，找到正確的方向之後，堅持不懈的一路走下去。

㉑ 如何將勢能打造成潛能

Potential 這個詞可能很多人都知道，它的意思是「潛能」。其實它還有一個意思：勢能。本節將講講這兩個詞的關係。

潛能這個詞用得太多了，我就不說了，重點說「勢能」。如果大家還記得高中物理，都知道勢能是怎麼來的？或者我們用公式可以表達得更直觀一些，重力勢能的公式：$Ep=mgh$。

其中的g是重力加速度，是個常量。品質 m 對於給定的物體也是固定的。這個公式告訴我們：勢能決定於高度h。表達得更確切些，這個高度指的是相對高度，即落差。江河的源泉來自高山上的積雪或溪流，山越高，造成的水位落差就越大，其潛在勢能也越大。

這是自然界的勢能，在人際關係中也存在一種勢能，我稱之為「相對價值高度」。

比如甲乙兩個在一起共處，甲身上有的優點乙沒有，甲的優點對於乙來講就是一種價值高度，一種人格勢能。反過來，乙也可以這樣為甲補缺。所以兩個人一旦發生交流，一定存在人格勢能，這樣的勢能成就了合作的潛能。落差越大，垂直高

度越需要仰望，補缺價值也越大，合作迸發的潛能就越大。

生活中這樣的事例比比皆是。以大家最熟悉的性格迥異的夫妻結合爲例。手腳俐落的妻子配上沉穩內斂的丈夫，或者急性子與慢性子相結合的家庭，不大可能做出草率的決定。兩個人的差異越大，其統合優勢就越大。

家庭如此，工作也是這樣。我曾在《哈佛商業評論》中讀到一篇題爲「爲何許多大型企業推行雙CEO」的文章，文中講到大公司裡日益流行的雙CEO管理模式。

比如知名的甲骨文軟體公司的雙總裁制：女性CEO凱茲主內，管生產與財務；男性CEO赫德主外，管銷售與公眾關係。隨著競爭的加劇與相關利益者的關聯越來越多，對企業領導者的要求也越來越多面化。這個時候，單個的CEO很難集成所有的優點，善於內部管理的未必擅長爭取外部資源，有行業洞見的未必具有領導變革的能力。雙頭制有利於更好的分工，揚長避短，充分發揮集體潛能。

很多人一定會問，這一山容不得二虎，兩個性格與價值觀差異太大的人合在一起，是否會出現未曾合作就崩掉的結果？這個問題觸及了人類的社會性特徵。其最基本的問題就是：我們怎麼看待差異？是把差異當作歧見打壓消融，還是把不同的觀點看作是一種價值資源去經營開發？

此處，我用一個聽來的故事原型做一番推演。

小王與小李被分配住進同一間宿舍，在什麼事都收拾得乾淨利落的小王眼裡，邋裡邋遢的小李完全是個異

類。在一個聚焦事件上，兩個人的矛盾幾乎到了不可調和的地步：小王不能接受小李將臭豆腐帶到宿舍來吃。

顯然，兩個人的生活習慣存在著巨大的差異。如何看待這些差異呢？假如我們將小王的接納度由低到高來排列，最低程度的姿態是什麼呢？最高境界又會是怎樣的呢？

史蒂芬·柯維在《高效能人士的七個習慣》一書裡用右面的圖表示出了態度上的四個等級，右邊的人格勢能是我加上去的。

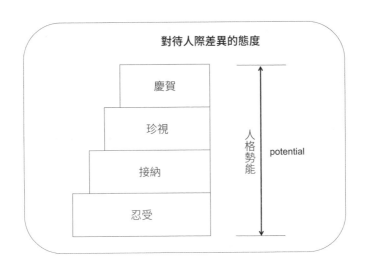

對待人際差異的態度

慶賀

珍視

接納

忍受

人格勢能　potential

最低程度是忍受，在排除暴力之外，這忍受便是最低的底線了。往上一個臺階，就會接納。其實，接納往往只是一個時間演化的自然結果，再醜的人，看慣了也就順眼了。

有一個詞叫作Face Time，我把它翻譯做「蹭臉效應」。

我早先做業務的時候，碰到一個不友善的客戶，每次去他們公司，我會專門去她辦公室打個招呼，一回生二回熟，到後來，要款之類的難事都由我出面了。

再往上，就是欣賞了，懂得欣賞差異是一個人性格成熟的重要標誌。欣賞別人身上的不同點，不一定要迎合著去跟著吃臭豆腐，而是轉變視角，去品味造成這種差異背後的性格邏輯。我們常說成也蕭何、敗也蕭何。一個對食物來者不拒的人往往對人也是如此，交友域特別寬。比如負責張羅一場晚會的小王正愁找不到主持人時，小李可以輕而易舉地從他的朋友中推薦過來一個合適的。

欣賞還不是最高層次，最高境界是慶賀。慶幸這段經歷，幸虧有這樣一個「不著調」的室友給自己樹立了一個價值觀上的對立面，讓自己在步入職場之前就獲得這樣一個寶貴的人生功課：怎樣與自己看不慣的人相處？其實，實際工作中的困難會比這臭豆腐更難對付，你碰到一個與你不「來電」的主管怎麼辦？這幾乎是一個職場人多多少少都會碰到的局面。

上面的例子中如果兩個人相處很和諧，小王與小李各方面都很相像，兩個人之間沒有什麼性格差異，補缺勢能幾乎為零，兩個人的合作潛能就很小了。物理上的勢能，生物學裡的雜交優勢，管理學裡的團隊互補，體育場上的高快結合，網路商業模式中的協作平台，其背後的原理是相通的：差異即資源。差異越大，落差勢能轉化為協作優勢的潛能就越大。

我發現很多年輕人出國後還是傾向和同胞在一起，從獲得情感溫暖的角度看無可厚非，但從出國學習異國文化的角度

看，會失去寶貴的機會。我們常說入鄉隨俗，每個地方都有它的本土智慧。所以出國留學可以適當多花一點時間去接觸本土文化的東西，比如觀看當地的體育比賽、體驗當地節日的風俗。我在新加坡讀書時，發現南洋理工大學（NTU）與新加坡國立大學（NUS）有一條規定：要留校當老師，必須去國外轉一圈。背後的邏輯是一樣的，害怕學術上的「近親繁殖」，尋求差異補缺。

我們不妨翻一下自己的微信朋友圈。如果你已開始做退休準備，那無所謂。但凡對自己還有一點想法的，不妨有意識地經營一下自己的朋友圈，增加些多樣性。

聽講座、加入某個公益圈、參加讀書會（沒有的，乾脆自己拉一個群），這些不同的圈子都是滋養心性的資源。差異產生美，人格勢能造就協作潛能。

22 不可或缺的職場表達力

記得英國特許管理會計師公會（CIMA）的最後一門考試中，居然10%的分數是考溝通表達的，可見財務表達力是一個合格的財務高管必須具備的基本素質。

財務專業人士常常給人謹慎保守和不善表達的職業形象，這不能全部說是偏見，主要還是大多數財務人員自己「悶」出來的。由於受專業訓練的固定格局所限，財務人士的工作重心常常聚焦於數位，而忽略了數位報告背後的溝通物件，這是財務人士在溝通交流上常常陷入的第一個誤區，也是一個關於WHO 的問題，沒有搞清楚所表達的東西是給誰看的，你的溝通物件到底是誰？

一份報告所要表達的中心主題與技術複雜程度往往需因人而異，給總經理看的就要簡明扼要，避免生僻卻又不做交代的專業術語，而給直屬主管的可以多些技術論證。

很多財務專業人士會陷入誤區是一開始就扎進技術細節中，讓人看得一頭霧水；一個真正懂得表達的人一定是遵循由外而內的思維過程。根據讀者對報告內容的了解程度而做必要的調整，或加入背景介紹，或從關鍵要點入手等等。

第二個誤區是資料多，提煉少，缺乏要點，即關於WHAT的問題，核心內容不夠精練深刻。很多人的報告，無論是演示稿還是資料表，洋洋灑灑寫了一大堆，多半是資料的羅列，聽報告的人聽完之後，走出會議室，什麼都沒帶走。

　　數據（Data）只能說是基本素材，只有經過整理加工之後才能成為有價值的資訊（Information），而資訊如果過於繁雜，還需要提煉出一條訊息（Message）。

　　舉個例子：

　　下圖為一張實際費用與預算的對照表，在算出各個部門的各項支出對比之後，你最好能整理出一條「用一句話就能概

一句話訊息

除了市場部門三月的一次性廣告支出，總體各部門的在預算範圍內

單位：萬元

部門	預算 (a)	一月	二月	三月	四月	五月	累計 (b)	同比 (c=a÷12×5)	差異 (d=b-c)	超支% (e=d÷c)
人事部	13,982	1,163	801	1,019	755	915	4,653	5,826	-1,173	-20%
財務部	3,265	162	99	180	135	136	712	1,360	-648	-48%
採購部	4,077	232	153	217	192	179	973	1,699	-726	-43%
銷售部	3,039	213	212	261	213	191	1,090	1,266	-176	-14%
物流部	2,324	130	135	143	132	121	661	968	-307	-32%
市場部	2,404	135	236	809	123	162	1,465	1,002	463	46%
質檢部	2,359	93	83	140	115	97	528	983	-455	-46%
生產部	2,144	151	123	173	142	131	720	893	-173	-19%
技術部	3,258	226	189	284	211	194	1,104	1,358	-254	-19%
研發部	5,092	454	396	539	293	284	1,966	2,122	-156	-7%
總數	41,944	3,056	2,427	3,364	2,411	2,509	13,767	17,477	-3,710	-21%

括」的訊息。比如說,「除了市場部門三月份的一次性廣告超支,總體各部門的費用都在預算範圍內」,這才是畫龍點睛之筆。

我在德國工作時,常與世界知名的麥肯錫諮詢公司共事,從他們那裡學到的一個超強公式就是:表達力=圖表+說明+訊息,分別對應了上述的數據、資訊和訊息的三個層次。

第三個誤區是頭重腳輕,結構混亂,即關於HOW的問題。很多人習慣把自己耗時最長、研磨最深或是最有心得的那塊內容拿出來作為重點講解,自以為展現的是精華,卻不知整個結構零亂無序,讓讀者無從下手。

我有一個在四大會計師事務所工作的資深合夥人朋友,他說四大非常講究的一點就是做事的方法結構,要把一個主題表達清楚,結構最重要,應當是由粗到細,由大到小。

在起草一個報告的時候,第一步不是動筆就寫,而是先畫時間設計結構,比如分哪幾個部分來講,每個部分又有幾個小點,資料圖表又該在哪裡作為輔助材料切入?這種「以終為始」的寫報告方法往往有這樣一個特徵:頭輕腳重。這裡的「輕」是簡潔輕靈的意思。第一頁PPT演示報告常常就是結論或核心觀點,然後點擊相關要點再彈出資料支援的明細。有時正文可能就一頁而已,所有的支援材料都作為連結檔放在附錄裡了。

再舉個例子。

這份呈現給總經理看的報告,把資料細節丟進附件裡去了。直接把最重要的內容呈現出來,有問題分析,有解決方案,最後還有一句總結性建議。至於細節資料,總經理有興趣

由大到小的報告範例——倉庫盤點報告

鑑於此次抽查發現的多種問題，建議加強外租倉庫管理，增加抽查！
本次出差發現6個問題，3個主要問題、3個次要問題：

1. 主要問題：

問題概述	業務影響	建議措施
與客戶S在天津的收款流程未理順，付款單據存在爭議	- 短期：3月共25萬美金 - 長期：後期每筆收款麻煩	財務／業務部成立課題小組於客戶的業務／財務對接溝通
與客戶J在鄭州倉庫存在銷售數量差異	- 短期：收入確認17萬元 - 長期：潛在的爭議壞帳	新加坡應收款負責人拜訪客戶，找出差異根源
客戶指定貨代丟失單據卻不願承擔全部損失	- 短期：不願賠付2萬元關稅 - 長期：潛在的低品質服務	分管業務向客戶反應，列入未來價格談判的備選項目

2. 次要問題：

- 退料審查中的「客戶原因」有濫用傾向，調整後從0.19%增至0.27%
- 新加坡與蘇州公司由誰承擔檢驗費的問題應在內部事先釐清
- 上海小倉庫的盤點可以不必動用新加牙坡員工出差，以節省開支

才點連結切換到後面去看。

其實大公司的PPT演示會留給演講者往往就5-7分鐘的時間闡述一個主題，如果不把重點放在最顯要的位置，在前3分鐘抓不住與會者的興趣，這個講演往往會以失敗告終。

從埋頭於數位到面對溝通物件，提升的不只是表達力，更是一個財務人的職業轉型過程：從一個素材的加工者變成一個故事的敘述者。一個公司靠講故事拔高市值當然不對，但用透徹的溝通減少企業與市場之間的代理成本，則體現了一個公司價值管理的專業能力。

如何避免我前文所述的三個誤區並做到以上的「由外及裡」、「由大到小」和「由粗到細」呢？我覺得書寫知識文檔不

失為一項很好的訓練。這是我在德國企業工作生活中學到的一條最好用的效率提升技巧。

財務工作專業性比較強，要把複雜的財務流程講清楚，不是一件容易的事。如果能學著做一些知識總結，特別是通過畫流程或者書寫操作指南的方式去把知識要點總結出來，把操作要領寫出來，表達力一定會有質的提高。

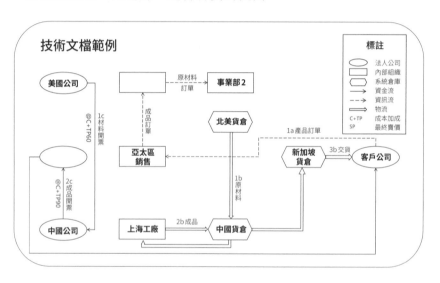

比如說上圖的關聯公司的複雜交易，能將資訊流、物流和價值流分別用不同的線型標注清楚，將交易的幣種、境內外的區分和價格的變化過程一一交代清楚，這不僅可以鍛鍊出慎密完整的邏輯思維，也可以讓人做事更加的規範與嚴謹，最重要的是可以培養「站在讀者角度想問題」的換位思考意識，這種思維模式一經養成，甚至可以提升職業競爭力。

當然，看了上面這張圖，大家一定會問：這要花多少時

間畫圖啊，而且我的 PPT 技術太一般了，怎麼辦？其實，有一種極其簡單的方法─手畫。在一張白紙上勾畫各種圖形及其連接，畫到自己滿意時，就掏出手機，喀嚓一下，然後存到雲端，或將這個圖片檔發到自己的電子郵箱。這就是最簡單、最有操作性的知識文檔書寫與存檔。

順便說一個小細節。有一次我在講「知識管理」這門課時，當我講到「其實，一個人離開公司的時候只要帶走一個裝滿知識文檔的 USB 就夠了」，有的同事就說了：「我們公司不是有規定不讓自帶 USB 嗎？」公司可以防止我們帶走屬於公司的無形資產，但我們自畫的原創的知識流程圖完全屬於個人資產。

這是一份記錄自己思維路徑的知識導圖，自己拍照存檔有何不妥？我個人最反對小家子氣的控制行爲，相信員工並用分享來創造雙贏，這是我的價值觀。

下面詳細說下做筆記的工具，好工具有很多，只要自己覺得稱手好用即可。我習慣用電子筆記本，用平板電腦的手寫筆功能，加上 App 應用商城中下載的 Notability 軟體，書寫畫圖的基本功能都有，而且 PPT 中的一些基本的圖形與編輯處理功能也有，再配合現場拍照抓圖的功能，你可以十分方便地按自己的意願組合與標注外部資訊與編輯內容。

我讀完或聽完一本書，一般會用這樣的方式編寫一個自我內化的知識文檔。下面展示的就是我的一份讀書筆記，爲了方便大家辦認筆跡，我做成了印刷體版本，實踐中不建議大家使用印刷體版本記錄，那樣太慢，用手寫體即可，自己的筆跡自

己能辨認就行。但是，千萬要記得：行動勝過一切理想。不要因為糾結某種工具而遲遲不邁出第一步，先寫起來，養成一個書寫知識文檔的習慣。

平板電腦──筆記範例

讀書筆記範例──《演技巧》埃瑟林頓

　　這是本人多年實踐下來的一條真知：書寫知識文檔是學習新知識與提升表達力的最快捷徑。

23 經營你的弱項

這篇文章是我七年前參加一次培訓的感想。

培訓中，我們每個人都做了性格傾向測試，這是基於一個心理學專家團隊多年研究而整合出來的分類方法。把人的性格分成紅、藍、綠三大主色調，並由此組合出六種主要性格：紅、藍、綠、紅藍、紅綠、藍綠。

紅色性格的人是事業型的，凡事追求效率，果斷堅毅，處處要強，有不少強勢領導、世界冠軍、軍人與企業家都是這種性格。

藍色性格則以人爲本，關係優先，善於教導，樂於分享，富有處世經驗，不太拘泥於事務性細節，這類性格的人中以教師、護士、公關等教導與服務行業的居多。

綠色性格的人則細膩謹慎，做事有條理，理性客觀，適合的職業多爲工程師、會計師和醫生等腦力勞動者。

培訓第一天，所有二十一個人的自測結果按色系都貼到了牆上。我的分數很奇特：兩高一低。超紅超藍，但綠色分數全班最低。

我的同事盯著我的分數表看了半天，問了我一句：「你是

做財務的，是否入錯了行？」

　　我的人生實踐似乎在不斷地證實一條定律：人的性格是可以改變的。高中時我很內向，很沉斂，有一段時間甚至連自己都覺得很窩囊。但一踏入大學的門，特別是到了遙遠的大西北，突然有了一種要變得粗獷、變得陽剛的想法，於是有意識地去改變，甚至有點反其道而行之地走極端。越是內向，就越要在大場面上挑大梁，拍滑稽劇，組織大型晚會，什麼有鍛鍊價值就挑什麼做，感覺上只有陰陽兩個極端徹底裂變之後才會有質的飛躍。於是，不知根底的大學同學一直以為我歷來就是一個敢作敢為、臉皮很厚的人。敢於嘗試，一定積累之後自然會有能力上的提高，而能力的提高又會提升自信，於是性格中漸漸顯露出強勢的紅色基調。

　　其實性格無所謂好壞，不同的人之間進行比較毫無意義，但自己跟自己比還是挺有意思的。我一直認為人的成熟是一個螺旋上升發展的過程。以前沒有的東西不一定一直不會有，弱的地方也不會永遠弱，只要自己願意開發經營，弱項也可以提升為強項。特別是臉皮厚薄之類的事情，要說容易，那是世界上最容易的事，一層紙捅破而已。

　　後來我有機會去德國生活了一段時間，從公司栽培的角度看，意圖十分明顯：改掉我隨便馬虎的個性，培養出嚴謹細緻的工作作風，因為這是一個財務管理者的基本素養。

　　這又是哪壺不開提哪壺的經歷，而且從我在德國總部的工作挑戰性上看極具經典意義。在編輯年報的時候盡是處理些芝麻綠豆的小事，比如統一美元符號的寫法，給所有的數字加上

千分位，調整段落間距以確保一張完整的表格不跨頁出現……我曾痛苦地抵抗了一段時間，直到有一天突然領悟到了個中深遠的意義，便一發不可收拾地投身其中，不僅找到了樂趣，甚至到後來更有這樣的一種衝動：要做得比德國人還德國人。三年歷練下來，也給我的性格注入了一點綠色元素。

從德國剛回來工作的時候，由於已有相當一段時間離開管理崗位，有點不適應去管人了。於是又刻意去磨煉管理技巧，定期與下屬一對一交談，學習傾聽，有意識地分出一段時間去思考下屬的需要，為員工的成長提供一些平台，像知識分享會的活動就是那個時候推動起來的。

這次培訓中提到的領導的最高境界乃是僕人式領導，領導不做任何具體的事物，只做一件事：服務好下屬。只有具有深藍底蘊的人才能勝任這樣的角色。

回想過去的三年，才發現自己一直在藍色的維度裡拓展。事實上，沉入進去常常會有驚奇的自我發現。當我試著去學習傾聽的時候，員工不僅會跟我談工作上的事情，連自己個人生活的難處也願意向我討教。不管我的建議最終是否有效，或者有時不給建議，只給一個傾聽的耳朵，這足以贏得尊重。能得到別人的信任和尊重，乃是與人相處的最高境界，可以說，這是在工作以外的最好犒賞了。

人一生的功課是對付自己。從大方向講，理應找一份適合自己的職業與工作，但不要對此太苛求。何謂合適？很多時候完全取決於自己的思維模式。人的潛力巨大得深不可測，明白這點，就無所謂強項弱項了，一切都在於挑戰自我的勇氣與毅力。

人生沒有合適的生活條件，只有合適的生活態度。強弱沒有明顯的界線，若有，也只存在於人的思維之中。

24 高效學習的「三一法則」

上周的一次網上直播分享會上，好幾位同學提到了如何高效學習的問題。這一篇就談談我的學習心法。我總結了一個「三一法則」，這三個一就是：聽一遍，想一遍，做一遍。

正好最近參加了未來商習院的學習，我就結合上課學習的過程談談自己的學習方法。

在具體的聽課環節結束後，在「想一遍」的環節，我一般會問自己這樣幾個問題：

我聽到了什麼？

我想到了什麼？

我可以在工作與生活方面做點什麼？

這三問都是從「我」出發的，我讀書與聽課基本上是「五經注我」的方式，而不是「我注五經」的無目的灌輸，每一件事只有與自己發生關聯，才能動用所有的精神資源將學到的東西最大化。

先說一下未來商習院在學習方面的一個創新模式，就是三

天的課程集成了商業專家、行業精英來給我們上課。這讓我想到了在新加坡南洋理工大學讀MBA時，其中一門叫作組織行為學（Organization Behavior，簡稱OB）的課，一共十五個模組，卻由三名老師來上課，其背後的邏輯是：每個人只有一小塊最拿得出手的研究，將一門課拆開來讓最有真知灼見的專家教他們最有心得的模組，可以提升課程的品質濃度。難怪，這所大學辦學才三十年，綜合排名卻已經躍升到亞洲前五。

第一節課是聽崔洪波老師講品牌戰略。崔洪波老師對品牌戰略有長期的深入研究，著名的《吳曉波頻道》就是他的策劃作品。

先說說第一個問題，我聽到了什麼。

建立品牌的客戶相關性。很多企業往往太過於專注自己的產品，而忽略了背後真正的核心價值，以至於市場一發生變化，產品遭到替代衝擊就無法存活。而公司一旦走出表面產品的框架，挖掘出企業的核心能力，就能駕馭市場，甚至創造需求。

比如日本著名的健康器材公司百利達（TANITA），最早是賣體重秤的，但秤的定義與範圍太狹窄，於是公司將其拓寬為「幫助大家測量健康」。

作為引領健康潮流的公司，百利達先從自己的員工食堂做起，推出了卡路里低於500卡路里、含鹽量低於3克的健康套餐。沒想到這個健康菜譜很快風靡日本，百利達借勢推出了一系列營養食品，比如與全家Family Mart合作推出了營養布丁，大獲成功。

上面的案例很有趣，一般的學員只是當有趣的故事聽了。而我是邊聽邊想，開始做自己的延伸思考，進行一種觸類旁通的、由點到線甚至到面的價值延伸。

　　我從崔老師的品牌理論與百利達的案例想到了這樣一條概括性觀察：無論是企業還是個人，我們常常是帶著某種執見出發（比如，我是賣秤的），卻往往迷失於表像，直至找到我們的正見（比如，我是為用戶測量健康的）。後者比前者更能打造核心競爭力，也更能適應外界的變化。

　　想到這裡，我突然想起上周在混沌商學院做的一場私董會，案主是帶著「如何吸引人才」的執見談他的痛點問題，經過深層次的問題探究，最後湧現出一個新的正見：解決銷售團隊與支持團隊之間的關係才是問題的癥結所在。

　　有了觸類旁通地思考，下一個「做一遍」的環節就要聯繫在具體的應用上。從上面「聽到」的與「想到」的出發，我定義了下面一條日後行動中做一遍的指導方針：在正見未形成之前不要盲目行動。作為一名企業高管，這條方針，又可以按個人以及組織做細分的拆解。

　　在面臨自己職業生涯重大轉型與變化的關頭，不要自己一個人決策，多問一些經驗與資歷比自己深的前輩，幫助自己釐清脈絡，形成自己的正見。

　　崔老師說的是品牌，我聽到的卻是從現象到本質的穿越，進而想到了從執見到正見的一個共性問題。最後落實到做一遍的實踐應用便是：先抑後揚，找到問題本質之後再出手。比如，在組織要推出重大舉措前，不妨開一個內部私董會，通過

深層次的探究將問題的本質浮現出來，再研究行動方案。

　　據說在團隊學習的時候，華為的任正非是這樣要求他的團隊的：聽一遍，寫一遍，做一遍。我的三個一略有不同，這也無妨，學習本身就是非常個體的經驗。我寫下這篇學習日誌，旨在與讀者共勉，學以致用，一起成長。

25 世界是平的，大腦是皺的

世界是平的——這句話出自經濟學家記者湯馬斯・佛里曼。大意是：在科技和通信飛速發展的後工業時代，每個國家要充分利用自己的稟賦要素融入全球化經濟中，去享受比較優勢帶來的多贏紅利。

大腦是皺的——這句話是我自己發明的，這是我在讀《心智》這本書獲得的一個深刻體會。《心智》這本書彙集了好幾位腦神經專家最前衛的理論研究，好幾處都講到大腦皮層與記憶和創新思考的關係。

人在第一次接觸一個概念或一張新面孔時，從刺激到記憶，是一個從物理到化學，最後又回到物理的複雜過程。比如說我們在記一個單詞時，以 origin 為例，我們查字典時看到的「起源」這個中文翻譯會以電訊號的形式傳向大腦皮層，如果這個詞沒有激發你的任何興趣，它就不會產生化學反應，在大腦皮層也不會生成神經元突觸。

於是，幾個月後你再次看到這個詞時，感覺自己仿佛從未見過似的，它認識你，而你卻不認識它。因為，你大腦局部的皮層是平的。

同樣是origin 這個詞，如果你與它的形容詞original（原創的、創新的）關聯起來，產生這樣的一條連接：知識的原創來自起源者的創造性思考，在兩個不同的概念通過關聯整合產生化學反應之後，會留下神經元突觸這樣的生成物。

這樣的突觸會讓你的大腦皮層生成一道道皺褶，所謂的洞見，從大腦神經學科的角度講，就是給平薄的大腦皮層折了一條折痕。

蘇格拉底講過這樣的一句話：The unexamined life is not worth living，大意是未經審視的人生不值得一過。

說起這句名言，我曾在本地大學的一次英語角活動中問過一群大學生，其中一個剛從大學重考經歷中走出來的大一新生給了這樣的經典回答：一個沒參加過升學考試的人生是不完整的人生。蘇格拉底要是聽到這樣的回答一定會笑了。無論這兩層意思差別有多大，他們倆的大腦皮層都因特別的思考而生成過一種突觸，產生過一道皺褶。當然，我相信大思想家如蘇格拉底，他的大腦皮層攤開展平，一定要比常人的面積多出許多。

有思考有聯想，才會讓外界的刺激訊號深化沉入到自己的大腦皮層，形成自己的獨創見解，而你也就是某個洞見的起源者了。

在人人都是資訊發布源的移動網際網路時代，每天在社交平台上都會產生上億條資訊，技術的賦能讓每個人都可以成為內容的原創作者，你的出處（origin）是基於你的獨特背景、獨特感受生成的獨特內容（original），所以每個人都是這個時

代的內容原創者（originator）。

我在月初交大企業家俱樂部共創學習營活動中，一個網路媒體創業者跟我分享了這樣一條洞見：現在不缺管道，缺的是有深度的原創內容。

那如何打造原創內容呢？所謂創新，不一定總是從無到有的絕對創造。還有一種常見的創新就是連接，將貌似不相關的東西連接在一起，這就是創新。

流水＋時間長度 ＝ 基於資料記錄的信用評估（淘寶 Taobao）

留言＋觀眾數量 ＝ 基於資料擬合的劇本創作（奈飛 NFLX）

使用者＋搜索主題 ＝ 基於資料推算的廣告推薦（谷歌 Google）

淘寶之於金融信用評級，奈飛之於電影劇本創作，谷歌之於廣告商業模式，他們都用「老需求＋新工具」的創新公式顛覆著各自的行業，他們也因此重新定義行業，成為新金融、新商業模式的創始者（originator），因為他們的連接創新足夠的原創（original）。

網路公司通過資料連接可以創新商業模式，背後的物理硬體是電腦；我們每個個體通過資訊連接可以湧現出奇特的想法，背後的物理硬體是大腦。

而且，我們的大腦工作原理很奇特，有著交互疊加湧現昇

華的特點。大家看右邊這張圖，能猜出是什麼嗎？

很多人其實都看過，只是看過也不記得了，大家再看下面這張圖（左），就知道它是2013年7月的《讀者》雜誌封面了。

這本雜誌很多人看過，卻不會留下什麼印象，因為它沒有與我們的生活發生過連接，同樣這幅畫，同樣這本雜誌封面，我十歲的兒子一看，就大聲喊了出來：「爸爸，我去過這個地方，它是拉斯維加斯百樂宮酒店的大堂。」

年初，我去拉斯維加斯觀摩CES展時還特意去過這家酒店並拍了一張照片見下圖（右）。

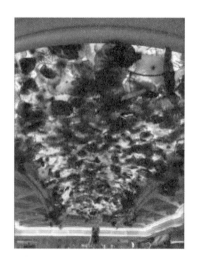

這兩張照片貼在一起，我想說的一點就是：我們的大腦是以交互疊加的方式記錄與存儲資訊的。因爲沒見識過A，所以B出現在你面前時，你也完全無感，反之，因爲你對某個事物有過自己的獨特思考，當另一件事呈現在你面前時，你可以瞬間捕捉並生成一個全新的創意。

因爲知道，所以知道得更多。

因爲思考，所以思考得更深。

主管思考活動的大腦皮層，展開來不過一層薄薄的表皮而已。一個很少思考的人，大腦皮層一定是平薄的；一個凡事喜歡思辨進而習慣性引發聯想的人，其大腦皮層一定是布滿皺褶的。每一道折痕都藏著一段對世界獨特解讀的代碼；每一個突觸，都燒錄著一段對生命獨到見解的位元組。

位元組舞動，邏輯開合，一張一合之間，成就了你獨特的人生演算法。人生無關乎成敗，只要你是獨特人生的原創者（You are the originator of your original life），你便瀟灑地度過無悔的一生。

26 什麼是個人職業品牌

什麼是個人職業品牌？很多人談到品牌時腦海中跳出的都是公司或產品的品牌，某個公司logo，或是像「李寧」那句「一切皆有可能」的品牌標語。其實，個人也有一個品牌建設問題，在展開討論個人品牌前，我先給大家梳理一下品牌的特質和關鍵屬性。

什麼是品牌？品牌是可以穿越時間的精神符號。追本溯源，人類最強大的精神動力就是「傳承」，從有形的子孫繁衍，到各種豐功偉績的流傳百世。

上周我去山裡度假，看到竹林中一排排的竹子都刻滿了「到此一遊」的標記；打開微信朋友圈，都是各種「曬」，有曬自己遊山玩水足跡的，有曬自己當下體驗與心情的，各種各樣的「曬」，其實，這都是「傳承」的這個DNA在起作用。

既然「曬」那麼好玩，那我們就玩得嗨一些，玩出點特點來，乾脆將自己的特點與閱歷打包成他人的點擊符號：曬出點個人品牌。

品牌是用來昭告天下自己的特色與專長的。要傳播得遠，就得有一定的高度，這種高度就是品牌勢能，要獲得品牌勢

能，最好是借助大平台的知名度。

最好的認知平台是傳統。傳統是自帶節奏的，跟上它，你也就有節奏了。最成功的借助傳統平台優勢的企業品牌要數可口可樂了。

可口可樂借助的傳統是「耶誕節」。該公司的一個廣告中，聖誕老人手裡拿著一瓶可口可樂，而可口可樂logo的顏色與聖誕老人當時紅白相間的著裝正是同一個配色。於是，本來冬天不好賣的飲料，因為與聖誕老人綁定在一起了，人們心裡習慣了，也就不排斥了。

企業可以借力傳統的勢能傳播品牌，個人是否也可以借鑑呢？當然可以。大家看下面的一組工作場景。

「表哥表姐」（各種表格）發出報告前做的各種格式調整，數字標出千分位，列寬與內容同寬，去掉提示公式不一致的綠色標記。

專案管理員（PM）將客戶的訂單修改資訊轉發給生產部與外部供應商，對於回覆不積極的內外部人員，專門製作一份催貨事項清單，並一一盯催落實。

財務經理一封封郵件發給不同產品線的事業部財務總監，向他們解釋水電費與模具費等公共費用的分攤邏輯。

儲運部的運費核算員，將不同毛淨重與不同運輸目的地的郵包費用一一覆核，登記到與京東共用的資料平台上。

成本會計在做每月一次的成本更新，需要將物料清單上的用量按上月的最新用量更新，材料成本也按採購談判降價後的單價再次刷新。

以上這些工作，是不是辦公室人員每天的工作場景？這些煩瑣的事務性工作與個人品牌建設似乎沒有半毛錢關係，但若我們能跳出這些場景細節，看到自己工作的一環所嵌套的大平台，進而發現平台這個體系內在的精緻與秩序，從中挖掘出自己工作的意義，個人崗位的「品牌」形象就呼之欲出了。

想像一下，你去面試下一份工作，當面試官問「說說你的工作有何不同之處」這樣的問題時，你完全可以這樣回答：

雖然我沒在「四大」幹過，但因為我的主管是從「四大」出來的，他對報表的每個細節近乎嚴苛的要求，錘鍊出我們「四大」那樣的數位報表品控能力。

雖然我的協調角色表面上盡是些事務性的盯催工作，但從這些要求背後，我掌握到了我們公司所在的蘋果公司供應鏈的供應商產能管理精髓。

我每月做的費用分攤，表面上看是一個沒有意義的零和遊戲，但我們公司是為「豐田」配套的，我們的報價模型是按「豐田」的 ABC 作業成本體系建立起來的，所以，我學到了先進製造業的成本追蹤方法。

我每個月按產品、按目的地，以及不同貨代做的運費進行核算，是通過電子資料交換（EDI）與京東相連

的，他們的即時資料看板讓我學到了物流行業大資料管理的整體邏輯。

成本更新是一件煩瑣的工作，但我們公司是與西門子合資的，西門子的智慧製造資料庫是行業標杆。我們可以從標準工時的更新模擬出從試產到量產的放大係數，從而精確地推算出新產品首次批量生產所需訂購的機器數量。

我將上面的幾個場景與品牌價值進行了提煉，做成了下面這張比照圖。

如果你能給出以上對應的回答，我敢保證，面試官的眼神會牢牢地被你吸引，恨不得從你那裡獲得所有的行業祕笈。

因為你所列舉的商業智慧，都不只是你的個人心得，背後

從瑣碎的工作場景中學習企業品牌價值

工作場景		品牌價值
無內容價值的格式調整		「四大」的報表品控標準
無成就感的訂單盯催		「蘋果」供應鏈管理體系
精準的產品費用攤派		「豐田」成本管理精髓
複雜的小額運費核算		「京東」物流資料看板
參數繁多的成本更新		「西門子」智慧製造資料庫

是由「四大」、「豐田」、「京東」這些家喻戶曉的品牌所背書過的行業智慧。所以，要打造個人品牌，一定要借助這些大品牌的影響力。如果有機會，最好直接加入這些公司，哪怕工資低一截也值得。即使沒有機會直接加入這些公司，也可以去尋找一些間接連接，比如蘋果公司供應鏈、京東物流板塊等合作單位。背後的邏輯很簡單，能被一流企業相中的合作夥伴一定也有其獨樹一幟的專業優勢。

方向不對，努力白費。個人品牌建設，可以說明自己與終極目標相關聯，讓自己的每一份付出，成為一個認可標杆的堅實基礎。

講清楚了什麼是個人職場品牌，下一個問題便是如何打造一個人的職場個人品牌？在後面兩節中我做詳細介紹。

27 你能分辨，你便能從人群中被分辨出來

　　關於個人職業品牌的打造，我梳理了一張總結圖（下圖）。從結果出發，反溯路程，從流程上的工匠精神到管控結果的清單規範，分別對應了個人品牌建設的四個方面：品質、專業、務實、職業。

　　因篇幅關係，這一節只討論兩個要素：品質和專業。

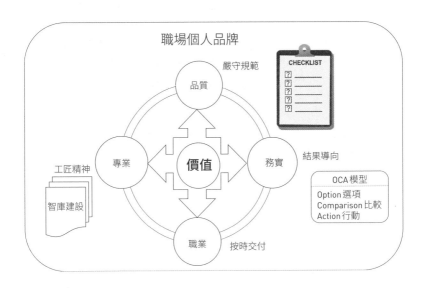

1. 品質

　　品質可以說是品牌的代名詞，大家都知道品質重要，具體又如何操作呢？

　　我先說一個自己的事。2002 年，我在德國總部工作時，曾一度十分的沮喪，因為我所做的盡是些數字謄寫與格式整理的文書工作，一點技術含量都沒有。而且，因為心理上的排斥，做得很不專注，結果錯誤連連。這時，我的導師（Mentor）給了我這樣的提點：「你能否在西門子的財務圈裡打造出這樣一種名聲，凡是你 Jimmy Qian 發出去的報告是用不著別人覆核的？」

　　這句話把我點亮了。打那以後我開始關注自己的各種錯誤，並總結出了這樣一張錯誤歸因圖。

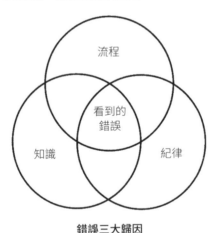

錯誤三大歸因

　　① **流程**：合理的流程可以從體系上減少出錯的機率，比如發給不同事業部讓他們填數的報表內容、位置必須完全一致並鎖死格式，以免匯總時數字無法進行同儲存格位置相加。

② **知識**：對內容的了解有助於迅速發現潛在的問題，比如累計折舊應當以負數或減項出現在公式運算中。設置一些邏輯自查公式，資產的貸方數字一旦出現正值，就會自動跳出「錯誤」的提醒字樣。

③ **紀律**：光有流程和知識還不夠，按規定流程操作的自律精神是確保品質的另一個重要因素。比如，我們打開上個月的報表做本月更新時，第一步必須先做「另存為（Save as）」，再給檔重新起名。有時，我們會覺得自己心裡很清楚，先更新一組資料回頭再另存。結果，一個電話過來，接完電話，下意識地去按一下了那個「存檔（Save）」，導致上個月的報告被錯誤覆蓋。

每發現一個錯，我都會從「流程」、「知識」和「紀律」三個方面去深挖，直到挖出最底層的原因，然後放入「FAM 錯誤清單（Frequently Appeared Mistakes）」中一一落實。FAM 的樣本可以參看「第一節」中的內容。

品質，就是靠這種對錯誤深挖細究的操練一步步累積出來的。

在德國總部三年派遣結束時，我對自己的「資料產品」變得信心滿滿。

2. 專業

專業，是一種對細節的認真。要了解細節，先要進入場景，下沉自己的關注度，好讓自己沉浸在微小的差異之中。

穿插一個小故事。

大兒子六歲時，有一次我帶他去動物園看猴子，看著看著他突然問：「爸爸，這猴子爲什麼都長一個臉？」我當下也被問住了，回家的路上我一直在思考，終於找到了原因，就反問他：「你們班裡的雙胞胎兄弟你能區分嗎？」兒子說：「那當然了，弟弟的眉毛中藏著一顆黑痣。」

我們分不出區別，不是區別不存在，而是我們的視角一直停留在淺表層。你只有下沉自我，浸泡在細節之中，才能感知到細微的差別。當我們對一件事的認知處於低淺階段時，我們常常關注它與其他事物的相同之處；當我們對一件事的認知足夠深刻時，我們會關注其不同之處。在因紐特人眼裡，雪有50種不同的名稱。

我在做各類問卷調查填寫「所屬行業」時經常會有這樣的困惑：我到底屬於什麼行業？

我真心不想在「製造業」那個框裡打鉤，因爲「製造」是在價值鏈的維度上與「研發」、「銷售」相對應的。事實上很多行業，比如汽車、通信、家電都是既有研發又有製造的完整價值鏈，所以「製造業」不是一個行業。

什麼時候你開始認真了，恭喜你，你正在變得專業。

每個人每天都與細節打交道，有沒有一個系統的方法提升對細節的敏感度呢？我有一個方法推薦給大家，這個方法就是

你所在的行業

☐ 科研及綜合技術服務業
☐ 電力煤氣及水的生產和供應業
☐ 衛生／藥品／保建業
☐ 教育／文化和廣播電影電視業
☐ 交通運輸倉儲業
☐ 金融保險業
☐ 電腦 IT 業
☐ 房地產業
☐ 汽車業
☐ 通信業
☐ 製造業
☐ 批發零售貿易業
☐ 商務／諮詢服務業
☐ 旅遊／餐飲／娛樂業
☐ 其他

書寫知識文檔。嘴上說的可能比較隨意，寫成文字就必須足夠的嚴謹。走入細節的第一步是分類，分類是很有講究的，分得不好就會互相嵌套，邏輯上不能自洽。

　　我在學習型組織的實踐中，要求每個人都學著書寫知識文檔。有關知識文檔的書寫，我都有嚴格的規定。比如主題詞的設立是為了方便歸類搜索；案例的描述要簡潔凝練，代詞的使用要有唯一性，不能出現「他沒有及時告訴他……」之類的語句；錯誤的做法用紅色標出，正確的用另一個顏色以示對照（下頁的示意圖，因受印刷形式所限，原圖中標錯的紅色字體

改用框線表示）。最後，要總結出一些通用性的，可延展的解決方案。

　　下面的一份知識文檔，很多人的第一次書寫，往往要被打回去五六遍才能過關。打回的次數越多，說明內在的專業講究就越多。於是，寫過與沒寫過就成了專業歷練上的一道分界線。歷練多了，便成了所謂的「專業」與「業餘」的區別了。

　　「FAM 錯誤清單」和「知識文檔」，這些好習慣可以讓我們從品質與內容的專業度上拉開檔次，久而久之，便會形成個人職業品牌。

　　你有內容，你就會被人認為有內涵；你能分辨，你便能從人群中被人分辨出來。

錯誤歸集範例

案例分析　AG016—莫名收款的處理

類別	總帳	編號	AG016
主題詞	其他應收帳款	預付款	

案例描述

學友是美華公司的總帳會計。月末他收到出納交來一份入帳通知單9700元，通知單上並未注明付款人及款項來源等資訊。經過與出納及應收帳款會計確認，都無相關資訊。於是，學友就只能先將此筆款項計入其他應收款。主管德華在檢查其他應收款明細時發現，有一筆款項11000元在與債務人法律糾紛中，之前與法務部確認應在月底之前處理完畢，故讓學友再次與法務部確認，被告知仲裁書已發下，債務人需支付我司9700元。主管想到之前有收到9700元，是否就是這筆款項？經確認，該筆款項確為債務人支付，其中歸還我司8000元，承擔我司之前墊付仲裁費1700元。

	銀行存款		其他應付款	
1. 收到9700元	9700			9700

正確的記帳處理如下：

	銀行存款		其他應付款		預付帳款		管理費用	
1. 期初餘額				1100		1700		
(1) 收到9700元	9700			8000	1700	1700	3000	
(2) 應收款註銷				3000				

解決方案

應對莫名收款做更多調查（徵詢業務部門，核查「其他應收款」科目），而不是隨便計入「其他應付款」。

會計養成記錄「資訊與相關帳務分錄」清單的習慣。比如在月中聽到法務部「本月會有一筆債務清償入帳」的第一時間，就將該資訊記入清單中，月末結帳時逐一審核。

---

28 有用＝務實＋職業

這一節繼續上一節未講完的兩個個人品牌建設要素，務實與職業。

最近流行這樣一句話：懂得很多卻依然無法過好一生。為什麼會這樣呢？要我看，就是自己的價值問題，或者說，你是否是個有用的人？如何成為有用的人呢？經過我長期的觀察與實踐，總結出了這樣一個公式：**有用＝務實＋職業**

1.務實精神

先說說務實精神。「務實」是針對「專業」而言的，一個貌似很「專業」的職業人士，往往會過度追求專業操守，反而將自己變成解決問題的障礙。所以，一個真正提供專業解決方案的人，必須要有「務實」精神的平衡。

從專業到務實，考驗一個人有沒有深入淺出的大局觀。

為何要講大局觀呢？因為專業的一個特點是限制性。專業運動員換了一副拍子，怎麼打都感覺不順，而一個業餘愛好者，根本分不清正膠與長膠的區別；一個醫生如果第二天要做

手術，他一定會給自己一個限制：十點前必須上床。諸如此類。這就帶來一個問題，越專業越會強調自己的專業特性，比如醫生會嚴厲地要求自己的孩子吃飯前必須洗手，有些運動員出國比賽還得帶上自己的枕頭才能保證充足的睡眠。這些都是優點，但有時這類優點過於強化後會迷失大方向。

舉個例子吧，這是我以前在德國總部作爲一個註冊會計師時碰到的問題。我們公司曾經成立過一個系統化產品事業部，將硬體與軟體捆綁起來一起賣給客戶，以提升客戶粘性。但在實踐過程中出現了一個問題，就是硬體交付之後依然無法確認銷售收入，要等軟體安裝測試通過後才能一起確認。記得當時事業部總裁對財務提出質疑時，我是引經據典，用財務準則中的條規來否決業務需求的，而且我當時在說出「多重交付（Multiple Deliverables）」這個專業術語時，內心是有幾分專業優越感的。這可是上市公司做帳合規性的準則要求，一切都要按準則辦理，且無法通融。可是回到自己部門，我被部門長批評了：「你只是用你的專業知識在強調這件事做不成是多麼的合理，但業務部，或者說站在公司最高層的角度，他們一點都不感興趣，他們要的是結果，一個基於專業限制但仍能找到解決方案的正向結果。」

說著，部門長給我畫了一張表，一個OCA 模型。O 是英文字母Option的首字母縮寫，即選項；C 代表Comparison，對選項的清單對照；最後一個A 是 Action，對應的行動計畫。針對這個案例，我們有三個選項，選項1 是本案現狀；選項2 是最符合業務需要的分開開票，好處是解決了業務端的問題，但

會造成用戶端的麻煩，而且會洩漏價格機密；選項3是一個創造性方案，在維護現行流程的過程中，證明硬體也有獨立使用價值，這就規避了財務準則上的限制問題。對應的方案是從歷史資料中找到支援性的證據。

有關多重交付案例的OCA模型			
選項	劣勢比較		需要的行動
	優	劣	
選項1： 本案硬體捆綁	◎業務上的常規思路	◎硬體收入無法在交付後確認	◎維持本案
選項2： 拆開硬體與軟體，分開開票	◎硬體交付時及時確認銷售收入	◎用戶端造成不便 ◎洩漏價格機密	◎落實分開開票的內部流程 ◎知會客戶
選項3： 證明硬體具有獨立使用的價值	◎硬體交付時及時確認銷售收入 ◎規避了選項2的問題	◎少量的舉證成本	◎證明硬體的獨立價值（以前賣過） ◎證明軟體只是錦上添花（協力廠商替代證明）

這個OCA模型，讓我看到了我與上司之間思維模式上的巨大差距。我還沉溺在維護專業權威的限制之中，而上司則有一個大格局，知道專業限制卻裝著不知道，從解決問題的原點出發，去探索其他選項，最後從中找出一條可行方案。什麼是務實？務實就是在說出「No」的專業限制的同時，還能去探索「Yes」的可選方案。

2.職業精神

下面講另一個要素：職業精神。

我覺得做事是否有職業精神的一個具體呈現是：事事有回應，件件有著落。有始有終，形成閉環，確保事情最後落地解決。做到這些，就是靠譜，而靠譜將是協作關係越來越細密的現代社會最重要的一項個人品質。

　　具體怎麼做呢？我覺得要清楚兩個邊界。

　　① **能力邊界**：能做的與不能做的，要給對方一個清晰的交代，以便對方在與你的協作中調整匹配的資源。

　　說一件發生在自己身上的事。二十年前，我常利用自己的英語特長給別人做翻譯，記得我第一次做的是一個半導體設備引進專案的翻譯。

　　我將稿件交給對方的總工程師時，那位總工程師簡單地翻了兩下就退還給了我，說道：「小錢，做翻譯的行規你知道嗎？你要把不懂的或者不確定的用不同的顏色標示出來，這樣對方可以知道哪些需要重點看。你這樣乾乾淨淨的翻譯稿，讓我怎麼看？難道期待別人一字一句看過之後與你展開討論嗎？」

　　自從那次以後，我所有的譯稿，包括日後遞交的財務報告，我都會將不確定的部分專門標識出來，以便對方分別對待。這種能力邊界的昭示，就是一種協作代碼（Protocol），可以大大提升雙方的協作效率。

　　② **行動邊界**：知之為知之，不知為不知，那是能力邊界。而行動邊界是告訴協作方哪些是自己會落實的，哪些是自己不會去做而需要對方另行想辦法解決的。

再講一件身邊的事，也是與我相關，但是發生在對方身上的。4月份給浙大管理學院上課時，一如既往，我給校方配備的助教發去了我的「課堂布置與教具準備圖」。

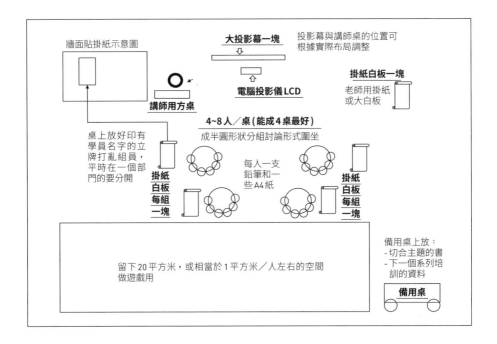

結果，郵件發出去後五天沒有回覆，我找來這位兼職學生的電話問他時，他回覆道：「不好意思，錢老師，您要的可活動桌椅的教室我還沒找到，我想找到了一起回覆您的。」

這就是一個沒有行動邊界的回答。什麼是能做的，什麼是一時還做不了的，他應當第一時間與我溝通。事實上，我是有其他預案的，但我最關心的不是具體方案，而是對方是否是一個在溝通上可以與我無縫對接的合作物件。

於是，我「好爲人師」的毛病又來了，拿起筆紙，邊畫邊說，教會他與人協作的第一課：「做不到」與「告訴對方做不到」是兩件不一樣的事。

這個學生很謙虛，在日後的行動上也有明顯的改善，每次收到我的簡訊後，不管結果如何，第一時間都會給我答覆：收到。

所謂的個人職業品牌，其實很簡單，就是以解決問題爲宗旨，一件一件地落實與交付，給別人一個清晰而一致的行事風格。

有用＝務實＋職業。不然，再多的學識都只是紙上談兵，空中樓閣。

29 開放自我需要有拿自己「開刀」的勇氣

最近在讀《百歲人生》一書，書中提到的轉型資產給了我很大的啟發。什麼是轉型資產呢？轉型資產就是能夠幫我們完成一個又一個人生轉型的精神要素，比如書中提到了 3 個重要的轉型資產要素：性格、習慣和格局。

這節我們先說性格。

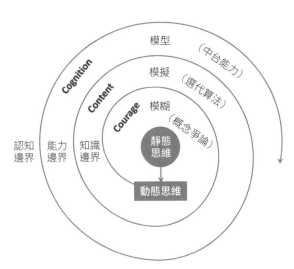

3C 模型，我的人生第一桶金

好的性格有很多，我覺得在轉型資產的建設中，最重要的一條是勇氣，拿自己「開刀」的勇氣，為此，我總結了一個完成自我突破的3C 模型：Courage（勇氣）、Content（內容）與Cognition（認知）。

第一個C，是敢於走出舒適區的勇氣。一旦走出舒適區就進入了一個學習區，隨之而來的是對知識邊界的拓展，逐漸成為新領域的內容專家。最後，在知識、能力邊界外延的同時，必然會獲得一種認知升級：噢，原來這事沒有我之前想像得難。這個3C模型的完整經歷，如果背後的挑戰足夠大，可以成為一個人人生的第一桶金，精神財富意義上的第一桶金。

我的第一桶精神之金是在南洋理工大學讀研究生時挖到的。我讀的是全日制的研究生，一個學期讀下來發現手頭的存款無法支撐兩年的學費與生活費。於是，斗膽申請了一份收入高但要求更高的助教工作——教本科生財務作業課。

我本科讀的不是財務專業，之後的工作經歷也不是與財務相關的，這實在是需要極大的勇氣站到講臺上去的。確實，第一節課下來，很多財務實務的問題讓我無法招架。好不容易等到下課結束，我一路飛奔，衝到我的財務老師的辦公室，一口氣和她約了之後一個月的輔導時間。

就這樣，每次課前我把學生可能問的問題都在我自己的老師面前討教清楚，一個月下來，我對課程的內容能應付自如了。等到一個學期的助教結束，我發現自己的財務功底已經超越那些財務專業的同學了。比知識的提升更寶貴的是認知上的提升。只要方法得當，外行是完全可以追趕並超越內行的。具

體在學習方法上，我獲得的一條寶貴經驗便是：最好的學習方法是去教別人。

這個3C模型的演化，還是一種靜態思維向動態思維的跨越，很多時候，我們想得太多，行動太少，總是擔心付出沒有回報，從而得不償失。

其實勇敢地跨出第一步後，往往會有兩個可以期待的積極變化。

第一，學習曲線效應，一旦開始嘗試，我們的能力會隨著內容層面的熟悉而迅速提高。比如備課，第一次備一堂課要花3個小時，那是自己誤以為每節後面的題都要帶學生做一遍，而實際上發現一堂課的時間只允許每個類型的題目選一道題做。於是，第二次備課就只需2個小時了，這就是學習曲線效應。其實任何陌生的事情都是這樣越做越順手的。

第二，外界互動效應。當我們跨出第一步時，便會發現周圍的世界不再一樣，隨著你的不斷投入，你會獲得他人的關注，你周圍的人便會與你互動，也會有資源向你靠攏。

前幾天，我在微信裡看到一則朋友推過來的影音演講，是一個叫沈銳華的新加坡人創建世界廁所組織的故事。該組織的英文名為：World Toilet Organization，簡稱WTO，與世貿組織英文縮寫一模一樣。

沈先生在創辦他的組織時，也是孤身一人，但經歷一段時間之後，便有媒體開始報導。就這樣，他開始走出新加坡，從

北京到倫敦，他也因此獲得了為北京籌備2008年奧運會解決廁所問題的機會。他的影響圈越來越大，到後來很多名人主動為他站臺，兩個比爾相繼出手，比爾‧蓋茨與比爾‧克林頓，一個給他捐錢，一個為他站臺演說。

做與不做的區別便是，在靜態思維裡，你永遠想像不到你跨出一步之後世界的全新面貌。

個人如此，組織也是一樣，對應於3C的逐級演化，組織中會有一個從模糊到類比再到模型的升級過程。在靜態思維模式的支配下，所有的問題都是模糊混沌的。這時，組織中經常處於一個概念爭論的狀態，一天到晚討論要不要的問題：要不要做線上業務？要不要上ERP系統？要不要花錢請個外部諮詢師？

用「要不要」的方式來討論問題的企業，都是心智不成熟的企業。一個心智成熟的企業會將「要不要」的問題改成：在怎樣的情況下才能把事做成？線上業務要做到多少體量才能保本？ERP系統開發哪幾個模組是我們當下必需的？花多少錢做這項業務決策是成本上能承受的？你看，問題一轉換，就從爭論邁向行動了。

隨著各種測算模擬的展開，當形成一系列成型打法之後，就可以將這些演算法打包沉澱成模型，套用當下一個很火的詞：中台能力。所謂中台能力，就是在一線業務中沉澱出來的有推廣價值的固化經驗。

所以，無論是企業還是個人，在面臨挑戰時，能否順利轉型，最關鍵的第一步是要有走出舒適區的勇氣。跨出去之後，

一定會隨著內容的熟悉而帶來認知上的升級，會發現自己不曾認識到的潛能。

　　「我是誰」的這個無限遊戲永遠要比「我做成了什麼」的有限遊戲好玩。轉型，本質上就是與自己玩的一個無限遊戲。

30 從躺平到躺贏，你到底缺了什麼

這一節講轉型資產的第二要素——習慣。

在這個壓力大到許多年輕人喊著要躺平的時代，你會發現，卻有那麼一群人，每年一個臺階，一年一變樣，三年大變樣地把同齡人甩在了身後，而且他們的工作和生活的平衡做得還很不錯。旅行、休假、陪伴家人，一樣都沒耽誤。你會好奇，這些人靠的是什麼？

我的觀察與總結是好習慣。我們先打造習慣，然後習慣便會打造我們。所以，真正耗能、耗費意志力的是一開始的習慣建設。一旦養成了好習慣，你便可以躺贏人生了。

真的如此嗎？你去讀所有偉人的傳記，幾乎都能看到每個人身上的好習慣在他們身上所起的作用。

好習慣很多，在諸多好習慣中，我重點推薦一個覆盤的習慣。因為覆盤的習慣一旦養成，一個人就可以期待可疊加的進步了。就像踏上了一部永動不息的跑步機，只要踩了上去，便可以一路向前了。

我在蘋果公司供應鏈的製造型企業做了十幾年，期間一直在觀察蘋果公司是如何管理供應鏈的，我發現它有一條好習

慣值得學習，就是覆盤的。他們稱之為post-mortem meeting，post-mortem 是屍檢的意思，在商業管理中，就是任務結束後的覆盤的檢討會。

每當一個新產品完成一個里程碑的階段，比如從設計到原型製造的完成，蘋果公司就會拉著供應商開覆盤會。總結成功之處，以便在供應鏈中橫向擴展應用，如果是失敗的教訓，就會讓專案經理分析根因，並從中定義整改措施，比如換一種可靠性高的材料，改一下線路的排版設計。

蘋果公司沒有自己的工廠，卻能將上百家供應商的品質、交付與成本整合得如此嚴絲合縫，一個關鍵能力就是覆盤基礎上的持續改進。

覆盤之所以重要，是它可以讓我們用時間的複利效應取得巨大的進步。

好習慣很多，下表是我個人認為在工作和生活中與轉型最

好習慣	微習慣
- 決策找外腦（找貴人）	- 聽完講座與專家互動
- 建控制清單（個人競爭力「護城河」）	- 溝講內容用金句上色
- 學習後總結（事半功倍）	- 開會可視化呈現要點
- 重要事先做（價值導向）	- 要事優先排入時間表
- 傾聽完再說（情感帳戶）	- 開會時引用化人觀點
- 以終後推始（頂層設計）	- 見客戶前做背景研究
- 構思場景化（用戶體驗）	- 畫場景圖檢查遺留項

相關的一些好習慣。

這裡，著重講一下「決策找外腦」和「建控制清單」。

①**決策找外腦**。華為之所以成功，其中有一條就是善於用外腦。同樣，我們個人在做重大決策時也需要自己的貴人。說到貴人，我們常說要有貴人相助，其實那樣太被動。

這裡我列了一些供具體操作用的微習慣，比如可以在一次講座的間隙與講師嘉賓互動一下，加個微信或者要個電子郵箱，當天晚上發個感謝郵件，如果能追問一個技術問題，那對方就會記住你了。

②**建控制清單**。談到企業競爭力，經常會說到規模成本、品牌知名度等競爭力「護城河」，其實個人也可以有自己職場競爭力的「護城河」，那就是用時間堆積起來的一條條控制清單。比如在具體的微習慣一欄中總結的：演講內容用金句上色。我常把做大型演講比作一個廚師在做一道大菜。平時記錄的案例、搜集的好例子就如同各種食材的準備，但在上菜前，為了達到色香味俱全的效果，需要給它上點色，類似於放一片胡蘿蔔搭個造型，給人一種整體的美感。

對應於演講，我會在PPT 內容定稿之後，打開我的蘋果筆記軟體（iPad Notability），在「摘引」中翻讀一遍以前摘錄的名言金句，從中挑上一兩句作副標題，可以對演講內容起到畫龍點睛的效果。比如這次的演講（這三節系列文章取自我的同一個演講），關於習慣的重要性，我摘錄了史蒂芬・柯維的一句名言：We first make up our habits,then our habits make up ourselves（我們先打造習慣，然後由習慣打造我們自己）。

格言

- □ 一個人是否出息，就看他做的每一件事，是否能成為放大自己進步的臺階。 ——吳軍
- □ 世界上只有一種真正的英雄主義，那就是在認清生活的真相後依然熱愛生活。 ——羅曼·羅蘭
- □ 我們先打造習慣，然後由習慣打造我們自己 ——柯維
- □ 人類從歷史中吸取的唯一教訓，就是人類不會從歷史中吸取教訓。 ——黑格爾
- □ 讓我們泰然自若，與自己的時代狹路相逢。 ——莎士比亞
- □ 人類之所以沒有發揮潛能，是因為我們沒有養成發揮潛能的習慣。 ——威廉·詹姆斯
- □ 技術就是為了節省時間而花費的時間。 ——奧特佳·加塞特
- □ 教育就像你點心靈裡投進一封信。 ——林建華
- □ 一個人生命中最大的幸運，莫過於在他的人生中途，即在他年富力強的時候發現了自己的使命。 ——茨威格
- □ 人的一切痛苦，本質上是對自己無能的憤怒。 ——王小波
- □ 生活其實是曠日持久的習慣建設。 ——韓松落
- □ 口碑就是把事情做過頭。 ——雷軍

這個案例比較小眾，不是每個人都需要做演講。我想說的是，建控制清單這個好習慣可以給你帶來個人品牌作用，工作與生活中類似的清單比比皆是：做採購的寫談判技巧清單；做銷售的總結銷售員交接事項清單；培訓專員建立教室布置與遊戲準備清單。每寫一條清單，就像馬拉松每多跑1公里，你就甩掉更多的對手。當你寫滿42條控制清單時，你會發現在自己的領域，你基本上是一個馬拉松冠軍了。

我作為一個門外漢學財務，就是用這種笨鳥慢飛的方式，用一個個知識清單的積累，祭出《從總帳到總監》這本財務暢銷書的。

31 你發現自己身上的四個小人了嗎？

　　接上節，本節講一下轉型資產的第三個要素—格局。

　　一說到格局，很多人覺得這個詞很高大上，而且似乎指代的是一個人與外界的關係，比如一個人總擔心下屬超越自己而不願傳授本領，我們就會說這個人格局不夠大。

　　其實，表面上看是與外界的關係，本質上格局反映的是一個人怎麼看自己的問題。比如上面的例子，不願傳授輔導下屬，本質上還是自信心不夠，沒有看到自己內在的潛力。

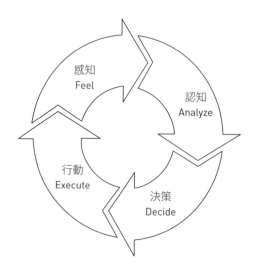

所以，格局的提升要從認識自我做起，特別是從認識自我的潛能出發。我們習慣把自己歸類成某一類特徵的人，比如老張是帥才、常工是軍師、小王擅長執行等。其實，我在喻穎正老師的「人生演算法」課裡學到了一個大腦四人接力角色模型，我用四個縮寫的英文首字母起了一個名字：FADE 模型。

在這個模型中，一個人身上類似於有四個不同的小人，在完成一件事的過程中，這四個小人會輪番出場，扮演不同的角色。

就拿我準備演講來說吧，在開始準備的階段，我需要像個兒童一樣，以開放的心態，帶著好奇的心，去感知所有可以用做演講素材的資訊。比如在講百歲人生的技術可能性時，我翻找到了以前做的成語故事撲克。總之，在素材準備階段，你寧可錯拿一千，也不想漏過一百。

材料備齊之後，兒童的角色就退場了。這時軍師出場了，從感知到認知，用理性篩選各種資訊。篩選整理好之後，軍師的使命就結束了。

這時登場的是司令官，司令官必須果敢地做出決定，哪些素材要保留，哪些必須捨棄。我做大型演講會秉持一個「666法則」，60分鐘的演講要準備6個小時的演講內容，相當於一整天培訓的PPT，然後從中篩選10到12張PPT作為演講內容。這種「Kill Your Own Baby（扼殺自己作品）」的做法，有時挺不捨的，所以必須要有司令官的殺伐決斷。

司令官做好決定後，就交給跑最後一棒的士兵，士兵只做一件事，不折不扣地執行。為了更好地執行，往往要做反覆的

演練，這就要說我「666 法則」中的最後一個「6」了，每次登臺演講前我要做6個小時的演練。

一般我會與鍛鍊身體結合在一起，戶外健走或是去游泳館游泳1個小時的時間裡，我一邊做機械的身體練習，一邊在大腦裡將演講內容從頭到尾自演一遍。一般1個小時只能完成一小部分內容，6次下來，完成一周身體鍛鍊的同時，捎帶著也把演講內容演練了一遍。演練是演講必需的品質保證，只有展現士兵那樣的自律與堅韌，才能不折不扣地完成定下的目標。

感知、認知、決策、行動是這四種角色下的能力要素，其實在我們每個人身上都有，只是我們常常習慣於做自己比較熟悉與駕輕就熟的角色而忽略了開發。

所謂的格局，就是有意識地喚醒並調動自己身上的不同角色，通過反覆訓練一步步將潛能展現出來。

32 如何避免職場規劃的「圍城」效應

上周給一個職場人士做了一次職業規劃的輔導，讓我想到了錢鐘書先生在《圍城》裡說的那句傳世經典：婚姻就像一座圍城，外面的人想進來，裡面的人想出去。

婚姻有圍城效應，其實求職也有圍城效應，有些職業看似很光鮮，但跳進去做了，發現遠非想像的那麼精彩，於是懷疑當初的選擇，甚至後悔入錯了行。

我這次做的諮詢輔導就有類似的圍城效應。一個在財務行業做了二十年的資深財務人，覺得在外企的平台已經看不到上升空間，去民企又怕適應不了高強度的工作節奏，此時正好被一則行業培訓的廣告所吸引，看到了一條清晰明瞭的下半生職業路徑：做一個Free Lance的財務諮詢師。Free Lance是自由職業的意思，除了諮詢時間以外，其他時間都可以自由支配，既可以通過諮詢獲得收入，又有大把自由掌控的時間，陪家人、旅遊，想想都美。

結果，價格不菲的學費繳了，一年認真學習之後也拿到了機構頒發的證書，然後呢？然後就出現了「圍城」裡那熟悉的一幕了。他發現第一次去客戶公司做諮詢，面對客戶提出的痛

點問題,他是一頭霧水,不知從何下手。也不是培訓機構忽悠他,給他介紹了幾個諮詢項目,實在是他力不從心,於是跑來問我是不是該重回職場找個工作。

我問了他一個問題:「如果現在的你回到一年前再來看這個要不要做諮詢師的選擇,你會怎麼選?」

他沉默了許久,想不出有什麼特別的好方法。

於是,我給他分享了面對選擇機會時我自己總結的一套方法論,具體而言,是一條思路,一個方法,以及由此可以獲得的一項能力。

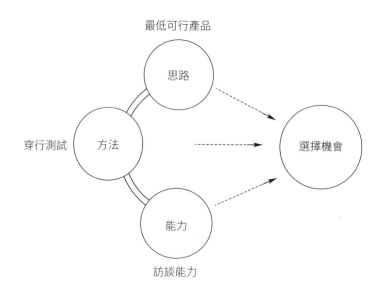

1. 一條思路

最低可行產品(MVP)。每個選擇都是有機會成本的,辭了職去做自由職業者,這類選擇的成本會更高一些。為了避免

陷入「捨了孩子，狼卻沒套到」的坑，可以套用產品經理常用的MVP思路。MVP是三個英文單詞的縮寫，Minimum Viable Product，即打造一個最低成本的可行產品，來試水市場。如果不行，可以迅速回撤，調整方案另闢蹊徑。這個MVP的關鍵是中間的那個V字，Viable，可行產品。很多IT產品經理都是通過這個思路來選擇技術方案的。先將核心功能做出來，客戶滿意之後，再將邊緣功能逐步優化。產品經理在面對各種選項時會把最拿手、最有市場價值的原型產品做出來，從用戶端獲得快速確認。

類似的，按照MVP的思路，我讓他構想了這樣的一個演練場景：將自己最拿手的專業經驗做成一個培訓課件，比如「企業如何降本增效」的一門課，去試講給一些潛在客戶聽，如果他們沒有拍手叫絕，那麼說明你最拿手的東西都打動不了客戶，你需要重新考慮當下的選擇。

2. 一個方法

穿行測試方法（Walk-through）是審計行業的一個專業用語，就是以一個典型事例爲範本做穿行測試，比如被審計公司聲稱員工社保從來沒有少繳漏繳過。你可以盲選10個員工號，找來員工的工資單，然後一一查驗，繳費基數中有沒有漏掉加班費，員工離職的那個月是否正常繳納，諸如此類。

同理，這位朋友的選擇也可以用Walk-through的穿行測試來加以驗證。爲了讓他找到感覺，我給他列了下面一份清單，

就以一個典型的製造業最常見的現場問題做穿行測試。

典型問題	問題性質	解決方案	諮詢師能力
利潤上不去	流程問題	聚焦核心矛盾	資料統計學
新品跟不上	組織問題	改良考評機制	組織管理學
士氣上不來	文化問題	設計改革方案	行為心理學

很多公司利潤上不去是因為流程複雜造成的各種資源浪費，作為諮詢師，你得在複雜的流程中迅速抓住主要矛盾，而抓主要矛盾的一項關鍵能力就是會通過資料統計找到關鍵問題。比如以80/20 法則（帕累托法則），找出數量上只占20%但浪費上造成80% 效果的那部分非增值勞動，很可能關鍵的三項浪費造成了公司80% 的資源浪費，然後聚焦這三項活動做改善就行了。

新品遲遲不能上線，很多時候是市場部與生產部、設計部目標不統一造成的各自為政，使得部門無法形成合力，而目標不合一往往是矛盾的KPI 考核指標（關鍵業績指標）造成的。這時，作為諮詢師，你得有組織管理上的幾把刷子，比如用OKR（目標與關鍵成果法）取代KPI 來改良考評機制。

士氣上不來則是一個文化問題，比如太多的老員工想「躺平」，這個時候你就要幫客戶設計一套變革方案，如用科特的「領導變革八步法」的模型來分解並定義各個步驟的關鍵措施。面對有重大歷史貢獻但不思進取的老員工該怎麼處理的問題，你得調用一些諸如「騎象人錯覺」、「集體無意識」之類的

心理學知識為企業做一些量身定制的變革方案。

　　我的這位朋友聽了統計學帕累托法則、心理學集體無意識等概念後立刻明白了，這些東西他連聽都沒聽過，更別說運用了。於是，對於自己誤入「圍城」的經歷也多了一份感悟：自己還沒有做好成為一個管理諮詢師的準備。

　　上面的這個練習就是一個典型的穿行測試，通過這個穿行測試讓他看到「臺上一分鐘，臺下十年功」，沒有廣博的管理知識做支撐，是很難做好管理諮詢的。財務諮詢貌似聚焦於財務專業，但沒有一項財務結果是脫離業務流程，企業文化或管理制度上的某個漏洞或問題憑空產生的。

3. 一項能力

　　這裡講的一項能力是訪談能力，這也是我給這位朋友的一個具體行動參考。如果我是他，我會找到幾年前拿到諮詢師證書的學長學姐們，做一個訪談，用下面的一組問題做訪談提綱。

- 你拿到證書後接了多少單諮詢服務？
- 你做的最得心應手的項目是什麼？
- 你在諮詢過程中，多大程度依賴以前的財務知識？
- 你從一個職業經理人轉行成財務諮詢師遇到的挑戰有哪些？
- 你對新報名財務諮詢師的學員最想說的一句寄語是什麼？

用這份提綱去訪談三個學長，基本上可以勾勒出這個通過考證完成諮詢師轉型的思路的可行性有多大。或者說，這個方向很好，但自己還要預備多少年的相關知識才能稱職勝任。他山之石，可以攻玉。別人走過的路你不需要重新再走一遍，而訪談就是一種很好的工具。

順便說一下，用訪談的方式去獲得一手經驗，這是一條快速學習的捷徑，訪談不只是幫助自己做重大決策，也可以用訪談技能讓你快速進入一個全新的領域。我去年做了碳中和論壇的主持人，就是用訪談專家的方法快速熟悉一個全新領域的基本知識的。

很多人在規劃人生夢想時，常會悠悠地感嘆一句：「理想很豐滿，現實很骨感」。如何從骨感到豐滿呢？本文介紹的一條產品經理MVP思路，一個審計行業的穿行測試方法，以及一項用訪談來減少決策不確定性的實務能力，就是試著將理想一點點拉近，找到入門的抓手與具體做法。生活不能沒有詩和遠方，但生活又是具體的，每個人都需要用自己的步點去丈量心中的目標。否則，一不小心，就會從一個圍城走向另一個圍城。

第 **3** 章

管理有方

33 向求職者推銷自己

說到公司管理，幾乎每一家公司都會碰到人才建設與管理的問題，本節主要講一個具體而又十分重要的環節：面試。當你遇到心儀的應聘者，如何追到手呢？

我作為面試官，過去十幾年上百場的面試做下來，總結出面試的三部曲，即：

第一步是評測，無論是硬知識還是軟技能，都是評測的一部分。當然，評測不只是筆試題測試，還包括人事部的事先電話交流，以及資訊量最大的面試環節。

就從我最近的一場面試說起吧（先申明一下，為保護當事人隱私，本文述及的人物、工資、公司等細節已作內容修正）。

前來應聘稅務會計的小劉給我留下了很深的印象，除了面試中的問答環節表現不錯，有一個小細節還引起了我的注意。小劉是先與直屬經理面試的，而我當時就坐在離他們很近的地方與銀行工作人員談事，所以他們的談話我也能聽到一些。他

們面試結束時，直屬經理與司機在電話裡討論車子何時可以開回來送她去稅務局。小劉在一旁聽到了，竟然主動提議道：「你們要去的高新分局我常去，而且我是開車來的，可以帶你們去。」

我是屬於「風聲雨聲，聲聲入耳」的那種人，所以，我和小劉的正式面試還沒開始，就已經對他有好印象了。一言以蔽之，綜合各種考量因素，評測這一關，小劉是通過了，而且是非常滿意。

於是，就進入**第二步：匹配**，看公司給出的條件能否吸引中意的應聘者。除了工作環境、上班距離等因素，最關鍵的一塊是薪酬。很不巧，小劉現在的年收入，工資加獎金有十萬元，小劉要價8000元的月工資也算合理，而我們的工資政策所對應的職級只能給到6000元。這2000元的差距，不是一個小數，如何解決這個問題呢？

根據面試了解的情況，我給小劉勾勒了下面的個人畫像：

小劉

崗位：稅務會計

經驗：5年付款、資金與報稅

公司：韓國公司

上司：48歲的財務經理

下屬：無，財務部共4人

收入：基薪7800元

培訓：基本沒有

我一邊看小劉的個人畫像，一邊開始思考**第三步的策略**了，我該用什麼方法把小劉招募過來呢？對於心儀的應聘者，一旦出現待遇無法匹配，我的基本策略是推銷。公司或者部門，哪個強，就重點說哪個，實在不行，就推銷自己。公司班車、食堂與地理位置都不吸引人，我就講財務部的小團隊文化，比如讓員工快速成長的學習型組織。如果對方還有顧慮，那就赤裸裸地推銷自己，我會用看似無意的話語組合一些資訊給對方聽。比如，我會指著牆上「中國年度十大優秀CFO」之類的獎狀，舉重若輕地說道：「你別看我牆上的獎項一大堆，但你看我的白頭髮，我都50歲了，我要是像你這樣年輕，一定會重新設計自己的職業生涯；我一定會在30歲前找到一個可以給自己帶來一生幫助與指引的牛人，哪怕是給李開復、俞敏洪這樣的人拎包，我都願意。」

對方心裡也許會這樣默默認同：對啊，年輕時跟對人才是最重要的。

這次的面試，是借用的政府辦公地，我的「榮譽牆」不在了，得想點別的招。看到小劉在過去公司就職沒有什麼培訓機會，我想到了一個切入點：職業成長前景。

於是，我與小劉就展開了下面的一系列談話。

我：小劉，說說你未來三五年的打算吧。

小劉：嗯，我不太精通稅務與成本這兩塊，想儘快做完這兩個模組。對了，你們這兒可以輪崗嗎？

我：你覺得稅務要做幾年才能啟動輪崗呢？

小劉：三到五年吧。

　我：三到五年？

小劉：我想是的，有很多東西要學的。

　我：看你填的表格，你今年二十七，對吧？

小劉：嗯，我早讀一年書，二十二歲畢業，現在工作
　　　五年了。

　我：你大學畢業剛工作時，定過發展目標嗎？

小劉：有，我與同舍的好友小馬都覺得，無論如何三
　　　十歲應當做到財務經理了。

　我：小馬做到了嗎？

小劉：他去的是四大，發展快，去年就當了經理。

　我：你三五年輪完一個崗，這兩個崗輪下來，那時
　　　你可是「奔四」的人了，還在專業崗位上混？
　　　小劉好像覺得有點不對勁，開始沉思了。

　我：其實，從你的考試成績以及剛才交流出來的工
　　　作經驗，我看到了你身上很好的潛力，我特別
　　　欣賞積極主動的員工，你能主動帶我們張經理
　　　去稅務局，說明你是一個不拘泥於本職工作條
　　　框的人。
　　　聽到這裡，小劉有點塌陷的身體直了起來，抬
　　　起頭看著我。

　我：這樣吧，你三十歲當經理的目標，還是有機會
　　　達到的，我們幫你一起來實現。但是，你得告
　　　訴我，要成為一個財務經理，得具備哪些要素？

小劉：需要了解各個模組，總帳、稅務、資金、成本。

我：這些在我眼裡，只是一個大類中的諸多小類，充其量，都只是專業知識，還有軟技能呢？

小劉：軟技能？什麼軟技能？

我：我們今天沒有必要展開這個練習，我給你一點概念，什麼樣的東西算是軟技能？就從你不知道何爲軟技能說起吧，這說明你缺乏一項叫作「學習能力」的軟技能。來，你打開手機，給我看看你訂閱了哪些學習型的 App，知乎、樊登讀書會？

小劉：樊字怎麼寫？哪個知？哪個乎？

我把這些名字寫給小劉之後，說道：小劉，我知道你平時比較少接觸到精英人士，但這些電子訂閱是不受地理位置限制的，希望你認真開發一下自己的學習能力。這是一個需要天天刷新認知的資訊時代。

小劉：一定，一定，我回去就下載。

我從包裡拿出一張名片遞給小劉。

我：這樣吧，你回去畫一張類似於下面的思維導圖（下頁）。

我：給你起個樣子，你回去補充。對了，建議你先讀一讀《高效能人士的七個習慣》，用第二個習慣「以終爲始」的方法，給自己做一個細緻的規劃。思維導圖畫好了，發到我名片上的電

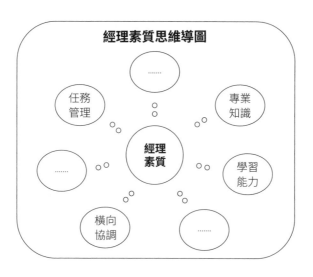

經理素質思維導圖

子郵箱裡，無論你最後錄取與否，我希望這個
練習都能成爲你職業發展的一個轉捩點。我無
意貶低你的上司，但到四十八歲還是一個四人
小組的財務經理，小劉，以你的潛力，四十八
歲，太晚了！

小劉起身，雙手拉著我的手，一邊握，一邊不
住地點頭：一定，一定，太好了，今天是茅塞
頓開。

送走了小劉，一旁的財務總監問我：我們給他
7000元，他應當也會接受。

我回覆道：我估計6500元他也會來。不過，我
得給他開7500元，

明天我找人事部做他們的工作。小劉是一個積
極主動的人，我是不惜代價要把他追到手的。

你跟進一下，他若不接受，我會親自給他去電話的。

　　故事講完了，希望對大家有所啟發。現在的組織與個人之間，不再是甲方乙方具有位階高低的買賣關係，更多是一種互相得益的合作關係。找到一個好苗子不容易，能否抓住機會拿下人才，就看管理者的功力了。

34 要命的口頭禪──「我已經」

我發現生活中有一些口頭禪很要命，不僅妨礙人際交流，而且還限制自身的成長。我總結了一些不好的口頭禪，寫成文章分享給大家。即使自己沒有這些問題，對教育孩子也有所幫助。

先分享一個常見且要命的口頭禪──「我已經」。從一個生活案例說起：

老闆參加企業家俱樂部交流會回來，聽到一個企業家成員分享了一條好的經驗：企業生產過程中產生的邊角料，可以利用招標的形式賣給出價最好的回收商。老闆回到公司決定推行這條措施，就找來負責的採購部經理。

採購部經理聽完之後，脫口而出的一句便是：「老闆，我們已經這樣做了，用過的襯板與包裝盒都已經招標出售了。」

老闆聽了很不爽，拉高了嗓門：「包裝盒做了，污泥做了嗎？我們的污泥中含貴金屬，你招標了嗎？這些都是錢！去，拿一個清單給我，我要全部，所有！」

沒有管理過部門績效的，看了上面的案例也許沒看出什麼不妥，反而覺得上司脾氣大，不講道理。這就是上司與下屬、老闆與員工之間的視角差異。

　　下屬在彙報工作時總是強調「存量」：我做了什麼；上級在聽彙報時一直關注的點是「增量」：我們還有什麼沒做好？

　　表現在職場上，我們看到了這樣一個現象：平時不輕易讚美下屬，多以挑剔與批判性眼光評價下屬工作的老闆，其團隊績效往往很出色。原因就在於這樣的上司一直在抓「增量」，時時警惕不被下屬的「存量」報告帶著走。反之，一個被下屬的「存量」報告溫水煮青蛙煮熟的上司，昏昏然之間發現自己什麼績效都沒有。

　　「我已經」引出的話是一個句號，現在完成式，「已經」做了，後面就不需要再做什麼了。「我已經」是一種宣講模式，後面所述的一大堆關於自己付出的努力與過程，從組織績效的角度上看，上司其實不太關心「已經」發生的，特別是當他有新政要推行的時候，他說話的重心是尚未落實的，引出的話題是一個逗號，還未講完下屬就用一個「我已經」的句式給畫了個句號，這樣的下屬能被上司欣賞才怪呢。

　　上面案例中的場景只是一個小小的縮影。事實上，許多公司每天每時每刻都在發生這樣的無效溝通。最典型的就是KPI（關鍵業績指標）會議，每月的業務彙報會。部門經理一個個走馬燈似的上去做彙報，一個上午的會開下來，總經理要看的PPT有100多張，絕大部分是「我已經」的模式，80%–90%以上的時間在說每個人「我已經」做了的，這樣的會議成效不

大。我要求下屬在周會上列出 highlight 與 lowlight，即完成的與未完成的，除了適當的工作肯定，我將工作的內容重點放在尚待解決的 lowlight 上。

周會報告—1月10日至16日

> highlights 上周已完成事項
  • 審計報告初稿已交總部
  • 資產減值報告已完成
  • 現金流量表模板已統一

> lowlights 上周未完成事項
  • 外包倉庫盤點數量待核準

> focus 當周重點
  • 完成上周末完成事項
  • 裝修合同完成簽核
  • 租賃設備的投資回報率測算
  • 季報合併報表初稿

習慣講「我已經」的員工，其實還在尋求證明自我的不成熟期，講這樣的話，基本上是「求抱抱」、「求點讚」的心態。一個真正成熟的職業人，應當擁有這樣的自信：我的能力上司已經很清楚，沒必要在這上面花時間。來，談問題吧！解決未了的問題，便是提升自我的新開端。

講同一種語言，甚至在表達上可以用同一種方言無縫對接的上下級，往往會碰到這種雞同鴨講的溝通障礙。我是管理幾個部門的上司，但又是總裁的下屬，有了視角的切換，就形成了這樣的深刻體會：「對方的思路」遠重於「自己的套路」。上司想推行新舉，那最好把「我已經」放一放，認真傾聽，把重點放在有待落實的未盡事宜上。

那，我已經做的就永遠不說了？我的回答是：如果說了不如不說，那還是別說了，至少不在當下的場合說。其實到最終，事情全部完成妥當，你不說，上司心裡自然會有桿秤的：誰是只說不做，誰又是那個真正會做出績效的人！

　　增量思維，表面上增的是組織績效，其實真正增值的是自我成長。

35 人經不起比較

繼續前面的口頭禪話題，這節說說我們日常言語中常見的一個錯誤：比較級的使用。下面來看一個案例。

王經理在辦公室與下屬小董做年度工作評估。下面是他們的對話：

王經理：在滿分為5分的評分體系中，我給你的「執行力」打分是2分，你的分數是團隊中的最低分。

小董：為什麼是最低？我知道自己不是最好的，但也不該是最低的，我至少比李娜強吧，她上班經常掛在淘寶店上，她有什麼執行力？

王經理：別盯著別人的缺點，李娜今年拿到的訂單比你多。

小董：李娜的客戶容易做啊，都是老客戶，我的新客戶比她多，訂單的多少不能說明工作的努力程度。

案例點評：這場對話中，經理引入了兩個比較級用語：「你的分數是團隊中的最低分」、「李娜今年拿到的訂單比你多」。

這兩個比較級用法一下子把這場年終評估溝通引入了歧途。

因為比較級的使用，下屬的注意力被帶到了「人」身上，自然地，這場對話變成了「對人不對事」了。而一旦陷入比較級的爭辯，上司便會掉入一個永遠爬不出來的坑。你說了他不如某某某，他只要列出一項做得更好的，你就無法自圓其說了。

在一對一績效回饋溝通中，經驗不足的經理經常因為比較級的口頭禪而陷入一場不愉快的爭辯，非但沒起到指出不足的回饋目的，還破壞了上下級的信任關係。

類似的例子還有，比如下面的一組評語：

低效回饋	有效回饋
你的效率最低	你的加班時間很多，需要提升效率
服務態度上你不如小梅	我曾聽到你與客戶爭吵，要注意態度
小張是我們團隊中最優秀的	類似句式末尾加上「之一」
管理方面，你要多學學老張	你看看老張是怎麼調動下屬積極性的
你連實習生都不如	你的這些錯誤讓我十分失望

人與人不一樣，所以不要把人放在一起比較。論到上下級之間的溝通回饋，應當有事說事，越具體越好。特別在不足與差距方面，不要含糊其詞，講些諸如「加強團隊合作」、「提升溝通能力」之類的空話。「協作」與「溝通」都是寬泛的概念，泛泛而談並不能起到提點下屬做出改進的作用。

如何有效地與下屬回饋，指出其需更改之處呢？我有一個範本，供大家參考，見下圖。

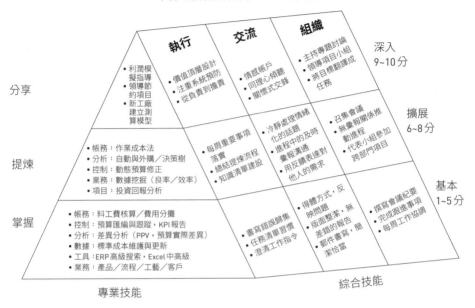

崗位進階圖範例──成本會計

左邊的專業技能，因崗位而異。每個管理者可以爲其下屬根據具體工作要求專門定制。事實上，每個財務崗位我都有一套不同的專業技能要求。

右邊的綜合技能具有通用性，而且，我儘量用實在的技能來表達，比如「郵件的書寫」、「問題的上傳」、「召集會議」等。

對於不服氣的下屬，我一般會讓他們按這個金字塔給自己打分。有了這些具體技能的表述，打分就不再那麼主觀了。而且，自己的問題自己評價，提升措施也是圍繞自己的特點展開，完全沒有比較的壓力。

這張圖的另一個好處是，除了爲員工的進階發展指出方向外，還提供了具體的抓手。這四十多個要點，每一個都是一個扎實的抓手。一個季度解決一兩項，三年的發展計畫一下就躍然紙上了。

　　當然，我做這張圖，也是本著一個比較的概念，那就是與自己比。與自己的過去比，每年有十個小項的進步。

　　人比人，氣死人。要比就跟自己比。

36 能者是否就該多勞

能者多勞，這是我們經常見到的職場現象。能者到底該不該多勞呢？我覺得要從個人與組織兩個層面來看。

我們還是先看案例吧：

> 小王與小張是同期加入公司做客服的大學畢業生。小王做事麻利，分析能力強，也善於協調內部資源，所以處理客戶投訴的效率很高。而小張做事循規蹈矩，不會開動腦筋去解決問題，只能處理一些簡單問題。於是出現了這樣一種情形：上司以「能者多勞」的名義將一些疑難雜症交給小王。小王的底線是8小時內可以接受，但要加班幫別人不行。幾次拒絕加班之後，上司覺得小王的工作態度有問題。當得知自己「工作積極性」一欄的打分還不如小張時，小王覺得太不公平了，於是遞交一份辭職報告上去，走人。

這個案例中，上司在追求效率，不管是小王還是小張做，最後都得把這些積留的客訴處理完。而下屬小王訴求的則是公

平，憑什麼要能者多勞？同樣只拿8小時的工資，憑什麼要讓我留下來加班？

公平與效率是經濟學裡的典型難題，到底是該追求公平還是效率呢？我的經驗觀察是：職位越高，越需要考慮公平性；反過來，最底層的員工應當把心思更多地放在提升個人效率上，而不是計較公平不公平。

一個人如果總是聚焦於公平，那是一種心智不成熟的表現。因為公平與否是對他人的訴求，既然我們對他人的所作所為影響力有限，那麼一味追究別人的態度與處理方式，只能帶來傷害自尊的心理打擊。

比如小王碰到的情形，可以通過提升自我來擺脫困境，小王可以採取以下的做法來實現自己工作與生活平衡的目的：

1. 進一步提升自己8小時內的效率，不必加班也能處理額外的任務。
2. 給小張做些經驗分享，提升小張的能力，從源頭上減少轉留到自己手上的疑難問題。

上面說的是從個人層面出發的，能者是該多勞，就當提升自我的特別通道吧。但從組織層面講，能者多勞的現象長期存在，一定是流程或能力匹配上出現了問題，上司值得警覺與反思。

下面來說說上司的問題，這個案例中的上司應當花更多時間與精力去思考整體上的公平性。效率是下屬該做的，公平則是上司該考慮的事。前者是執行，後者是平台。平台或者機制

出了問題，執行層面遲早會卡殼的。

　　作為上司，首先考慮的是組織的整體績效，怎樣讓團隊中的每個人都能投入到工作中去形成合力，讓團隊的績效最大化。這其中很關鍵的一點是如何激勵下屬，而在激勵下屬的過程中，又有一個至關重要的管理祕笈——管理期待。所謂管理期待，就是讓員工的實際所得，不管是有形的物質回報還是無形的精神鼓勵，與員工的心理預期盡可能地吻合。

　　很多公司會把獎金拆成固定獎金（比如第13薪，每年12月底發給員工的額外報酬）和浮動獎金，而且有意讓浮動部分高於固定部分，其原因就是固定部分太高，員工會慢慢建立一種心理預期，在心理帳戶上把這部分獎金視作程式化的應得收入。這時如果公司業績不好，獎金少發了，員工就會抱怨，覺得是公司克扣了自己該得的常規收入。但是把它規劃成與業績掛鉤的浮動收入，先把員工不合理的心理預期給降下來，那麼即使未來獎金一分錢都發不出來，員工也不會有怨言。

　　說到管理期待，我在孩子教育上也時常運用，以避免不必要的麻煩。比如，我在出差的時候，並不像很多家長一樣每次出遠門都給孩子帶禮物，因為一旦形成心理預期，十次出差，九次帶了禮物，就一次忘了，孩子就會抱怨。所以我不按常理出牌，隨機性地給他禮物，這樣效果反而好，他會更有驚喜感。只要有激勵，就有管理期待的問題。

　　具體到本案，上司可以在以下兩個方面做得更好：

1. 設計一個付出與獎勵相掛鉤的考核體系。 比如用

計件制考核獎金，如果小王處理的案例是小張的兩倍，那就讓小王拿多一倍的獎金。不要等下屬感到不公平了再去彌補，做好制度建設避免員工的不滿是最好的防範策略。

2. **細緻而耐心的溝通**。如果在機制上沒考慮周全（這樣的事有時難免），那在溝通時就要格外小心了。在察覺到現行機制可能無法解決不公的情形下，一定要對下屬的效率與能力給予充分的認可。以一種一起分憂解難的姿態讓小王一起決策：能否留下來一起解決未處理完的問題？

上司的一言一行是代表組織的，一句「能者多勞」顯得太過蒼白。一個好的上司，一定要敏於察覺，及時處理組織中的不公現象。上司是通過解決組織內的公平問題來提升每個個體的效率的。

37 小心陷入被動躺平的陷阱

什麼是被動躺平？被動躺平就是主觀上很認真，但結果上與躺平沒什麼區別。主動躺平是努力不工作；被動躺平是工作不努力。這裡的努力指的是刻意工作。

什麼是刻意工作？刻意工作是指帶著明確的目標與設計好的方案，刻意操練關鍵細節，並從回饋中加以改進，在達成工作目標的同時，也大幅度地提升個人的專業技能。

與刻意工作相反的是隨意工作，隨意工作就是不走心地工作，沿著前人的腳印，照著自己的理解，日復一日，年復一年地程式化工作。隨意工作具備以下特徵，讀者朋友們不妨對照自測一下。

1	接手一個工作後，就按交接時的指令做，幾年未變	是□　否□
2	從上司那裡接手一個任務時，聽明白做什麼與怎麼做後就轉身走了，幾乎不問做這件事的目的與背景	是□　否□
3	與同事合作發生不愉快時，很少從第三方那裡獲取客觀公正的評判	是□　否□
4	工作中發現低效的流程時，很少主動發起一個會議進行專案討論	是□　否□
5	在日常工作時間表中，幾乎從未主動安排過整理總結的時間	是□　否□

| 6 | 項目做完後很少進行得失覆盤 | 是□ 否□ |
| 7 | 工作中碰到難題時，因為缺乏導師或有經驗的上司的指導，基本上都是自己在琢磨解決方法 | 是□ 否□ |

以上七條，前面四條每條算1分，後面三條每條算2分，答「是」的得分，答「否」的不得分，在總分10分中，如果你的得分高於6分，說明你工作的隨意性比較大，工作得不夠刻意。

隨意工作有什麼問題？答案是：個人成長速度太慢。有的人在同一家公司工作十年，輪崗也有好幾回，但升遷提拔的事都與他無關，這種情況，我稱之為被動躺平。

要避免這種情況，就得刻意工作。刻意工作與《刻意練習》那本書講的「刻意」一樣，強調做事的方向與方法。有些事不需要反覆去做，做一次就夠，但得做的有模有樣。

怎樣算是有模有樣呢？我給大家講個生活中的實例吧，一堂讓我大開腦洞的中學體育課。有一次與兒子散步閒聊，聽他說他們的體育課是怎麼上的，聽著聽著，我仿佛感受到他們學校把公司管理的規程前置到中學課程中了。

他們的體育課是這樣的。

1. 本學期專練游泳。老師將同學兩兩組隊，然後互相訪談對方：「你覺得一個學期下來50米自由泳能達到怎樣的成績？」我兒子當時寫下了這樣的目標：從1分50秒提升到1分40秒。

2. 每個人制定自己的訓練方法。兒子有點懵，就去討教老師自己的薄弱環節，沒想到被老師回絕

了：「不要問我，我游得並不比你快，要學就找最好的學。」在老師的一番啟發下，兒子終於明白了，他找來奧運冠軍菲爾普斯的影片觀摩學習。

3. 專項練習。兩人一組，互相給對方的動作拍照，然後將菲爾普斯的打腿動作與自己的動作截圖，兩張圖放在同一張PPT上做對比分析，用紅圈標出問題所在：小腿彎了。好，就對小腿打腿進行專項練習，每次上課重點練習這個動作。當然他的同伴與他的問題不一樣，同伴的問題是側身不到位，就專門練習側身的姿勢。

4. 覆盤。一個學期下來，兒子超越了自己1分40秒的目標，達到了1分30秒。這時，老師交代一個作業，寫一份思考心得：為什麼超越了10秒？兒子在他的分析報告中寫下了這樣一條總結：在不知道自己潛力的情況下，第一次定的目標往往偏保守。

我再回想自己以前上的體育課，感覺弱爆了。我們那時只是在練習某項技能，卻從未以完成一次挑戰的方式學習一整套具有通用價值的提升方法。

我把上面的四個步驟總結整理成了以下的PDCA環。

P（Plan）：設目標。老師讓同學們自己設目標，這對應了公司的全年預算目標（Target Setting），比如將銷售總額從去年的9000萬元提升到1億元。

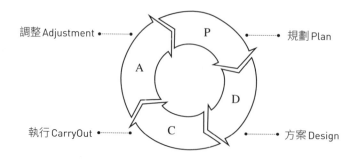

D（Design）：**定方案**。這對應了公司的戰略，增長從哪裡實現，是增加門店還是提升複購率？方案不對，努力白費。就像該練打腿的去練了揮臂，無濟於事。

C（Carry Out）：**抓落實**。抓落實的關鍵是進行對標分析，行業龍頭增加一個門店只要 3 個月就能實現日銷售上萬元，而我們需要 6 個月，問題出在哪裡？對應於上面的游泳事例，打小腿的專項練習就是這個抓落實的 C。

A（Adjustment）：**回頭看**。一個優秀的公司一定會做「回頭看」的閉環覆盤，過去一年的銷售超額完成，是做對了哪些事情，這對以後的發展又有哪些可參考的經驗？要對標行業龍頭，而不是只想著比過去的自己提升多少百分比。上例中老師對兒子的追問就是一個很好的覆盤啟發：為什麼實際成績比目標還要好？

體育課有一半時間要寫 PPT，兒子似乎不以為然，覺得沒有機會展示特長能力，有點遺憾。我卻認為他們的教案非常實用。一場體育課直接對標公司的管理經驗，從行業對標到差異分析，再到覆盤回顧，妥妥的 MBA 實戰套路。一堂體育課，

從頭到尾以一組刻意練習，將未來解決問題的思路與方法全教給了學生。

　　無獨有偶，最近輔導了一位做人事招聘的朋友，讓我想到刻意與隨意的區別。

　　這位朋友在一家外企做了10年招聘，到今天仍是一個招聘專員。現在適逢一家民企招聘人事經理，想抓住這個機會突破自我。我從她萌生辭職的緣由開始幫她分析，她所在的管理崗（IDL，Indirect Labor）招聘，一直被用戶部門吐槽：一個崗位平均要6個月才能招到。她覺得這不是自己的問題，很多是公司地點偏，製造業吸引不了年輕人造成的。聽完她的問題，我幫她用上面的PDCA環梳理了一下破局的思路與方法。

P，設目標： 平均到崗週期從6個月縮減到3個月。

D，定方案： Top Down，自上而下，頂層設計方面對標行業最先進的招聘方法；Bottom-up，自下而上，歸納整理內部痛點問題。

C，抓落實： 針對痛點問題做專案專案。

A，回頭看： 根據客戶滿意度找到進一步提升空間。

下面詳細講一下這個PDCA的過程。

1. **設目標時**，可以參照同地區、同行業優秀企業的招聘週期，在定目標時，視野一定要拉開，對標行業優秀企業。

2. **定方案**，在頂層設計層面，先做調研，過去幾年招聘行業發生了哪些變化？比如有一家BOSS直聘的網站，以去中間化的方式，更有效地對接招聘發起部門負責人與潛在候選人之間的直接交流。從自下而上的角度，搜集以前用戶部門吐槽的痛點問題。比如大家一致反映的難點是面試的時候很難通過一些有力的問題判斷候選人的真實水準。

3. **抓落實**，就是根據以上的調查，在執行階段組織一場針對性的培訓。比如用STAR模型，通過場景（Situation）—任務（Task）—方案（Action）—結果（Result）的案例穿行追問，讓面試官掌握一套有效提問的方法。

4. **最後回頭看**，通過軟硬資料的回饋做進一步提升。硬資料就是到崗周期的天數有沒有縮短，軟資料則反映在使用者部門的滿意度調查上。

通過上面的PDCA環，這個招聘專員不只是在幫公司縮短招聘週期，更重要的是，讓自己學會一套如何自我管理與提升的思路方案。

在談話結束前，我扮演某個民企的老闆，問了她這樣一個問題：「告訴我過往10年中，你完成了怎樣的一項挑戰性任務，你是怎樣做到的？」

這類問題我問過很多人，有的是面試的當下環節，有的是輔導對方時做的一個假想測試。很多人在被問到的時候，陷入

沉思。

很顯然，在這個時間點才開始思考，說明還沒有準備好，說得更直白一點，以前一直是躺平的，現在才剛剛開始思考這個問題，對這PDCA環中沒有一環做過認真思考，更不要提具體行動了。

很多人工作表面上很努力，但努力不是「996」[5]加班，而是要用類似於PDCA環的方法論刻意工作，借助組織平台要求的某項挑戰性任務，將自己的核心能力操練化身在PDCA環的穿行練習中，檢驗自己在不同成長階段不同的強弱表現，缺什麼補什麼。比如，不善於組織協調的就主動發起一些專題會議，不善於系統思考的就多做些思維導圖的工作總結，不善於溝通交流的就在追問工作進程的時候少寫電子郵件，多走到對方跟前當面交流。

這樣，你便不是隨意工作了。一個不隨意工作的人，工作也不會隨意怠慢他的。

要相信是金子總會發光。

5　編注：996工作制，是指一種「早上9點上班，晚上9點下班，每周工作6天」的工作時間制度。

38 會不會工作，就看你有沒有這些事半功倍的微習慣

每個人都希望在工作的時候能做到事半功倍，有沒有這樣的捷徑呢？有，那就是建立一個個好的微習慣。

什麼是微習慣呢？微習慣不是鍛鍊身體和終身學習之類的綱要性習慣，微習慣是顆粒度很細的做事方式。

比如加對方微信時，編輯一組方便對方存儲標注的特徵詞自我介紹，與合作夥伴再次見面前先翻讀一遍上次見面的會議紀要，聽完一堂課後在24小時內做回顧總結筆記，諸如此類。

要提升工作效率，先從這些日常的行爲著手，用一條條好的微習慣，從溝通、執行、合作等各個方面一點點提升。這樣，日積月累，就能達到事半功倍的效果。

微習慣很多，這篇就從工作中最常見的兩個場景講起，如何開會以及如何拜見客戶。

一、如何開會

開會有很多學問，這裡就講一條——視覺化呈現。

微習慣

- ☑ 聽完講座與專家互動
- ☑ 演講內容用金句上色
- ☑ 開會視覺化呈現要點
- ☑ 要事優先排入時間表
- ☑ 開會時引用他人觀點
- ☑ 見客戶前做背景研究
- ☑ 畫場景圖檢查遺留項

　　先說一個常見的場景，比如說大家一起討論擴大產品銷量的方法。七八個人在屋子裡，坐在自己的位子上，你一言我一語的，每個人說得頭頭是道，兩個小時過去，經理進來「收作業」了，問大家：「你們有什麼討論結果？」大家面面相覷，

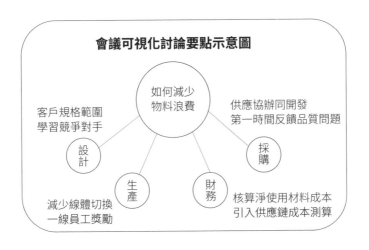

會議可視化討論要點示意圖

如何減少物料浪費

客戶規格範圍
學習競爭對手

設計

生產

減少線體切換
一線員工獎勵

財務

核算淨使用材料成本
引入供應鏈成本測算

採購

供應協辦同開發
第一時間反饋品質問題

剛才探討了一大堆東西，但要重新回憶起來，似乎又找不到線索了。

所以，開會一定要養成一個好習慣——視覺化呈現，可以將討論的要點寫在白板上，比如上頁這張圖，就是以衛星圖的結構，圍繞一個中心議題，勾畫出相應的解決方案。

為什麼要這麼做？視覺化有上頁幾個好處。

1.記錄關鍵點：我們的大腦每一秒都要處理巨量的資訊，從眼前飛過的蒼蠅到隔壁走廊美女走過留下的噠噠的高跟鞋聲。大腦是風聲雨聲聲聲入耳，而此刻的你，卻只有一樣需要關注：當下的討論內容。一不留神，剛才討論時有感而發的思想火花就不見了。所以，要及時地記錄下來，才能確保重要的內容不遺漏。

2.尊重發言者：作為參會者，自己發表的觀點能被主持人記到白板上，表明有人認真傾聽過，說明大家都認同過。於是，你會想著繼續發言，就這樣，你一言我一句，點子可以源源不斷。

我在領導力課上講到這個環節時，常有同學問：「老師，如果某人的觀點太過奇葩怎麼辦？」我的做法是，先以最快速度詢問一遍大家的意見，先排除一種可能：奇葩的不是他的觀點，而是自己別緻的理解。

如果大家都覺得費解，我會在另一塊白板上，或者另闢一塊區域，寫下兩個單詞：parking lot，即問題懸掛區。這樣做的好處是既尊重了發言者，但又不至於讓大家被帶跑偏。

3.澄清觀點：我在每周學習會的討論環節提醒主持人到

白板上做記錄時，常有主持人指著自己的小本本說：「我都記在本子上了。」這不是一個好習慣，大家必須了解這樣一個事實：你記錄在你本子上的發言，只是你理解的他人的發言罷了。

有些人就以此為版本發出會議記錄，結果招來爭議：我在會上說的是「教」你們做，而不是「幫」你們做等。但是當你明明白白寫在白板上這樣的內容時：

行動	責任人	截止時間
財務幫採購整理未付款訂單	財務主管	3月31日

對方看到所寫的與自己的表達有出入時，可以立即澄清，這樣可以避免事後糾正的麻煩，至少在討論的當下，可以快速有效地形成共識。

開會視覺化呈現，就這樣一個微習慣，背後就有那麼多講究。這些還只是我平時觀察總結到的，讀者朋友若有補充，可以給我留言（公眾號：自嚴自語）。

二、如何拜見客戶

拜見客戶也有很多學問，在這裡就講一條——開好會前會。

此處以新客戶或者潛在客戶為例。首先，要開好會前會，哪怕是一個人去見客戶，最好事先在小組內討論一下，統一思路策略。討論什麼呢？我列了以下這些常見的綱要性問題。

目的：是爭取成交還是留下好的印象？目的不同，策略自

然不同。

策略：依據目的而定，比如是以成交爲目的的，一定要做好客戶一旦不同意的預案，分成最佳方案、最次保底方案。銷售不只是推銷自己、說服客戶，而是通過給客戶合理的選項締造長久的夥伴關係。

調研：在制訂策略前，要盡可能多地搜集與客戶相關的資訊。

這裡簡單說一些調研的內容。

用戶端的訴求變化。用戶端有沒有組織變動、戰略調整等方面的變化？這個變化對我方帶來的是機會還是挑戰？

我說一個親身經歷的事吧，是一段二十九年前我做化妝品銷售的經歷。我那時負責向基層廠礦企業推銷公司的勞保用品。有一次我坐了一天一夜的硬座一路顛簸到江西的一個煤礦，結果到了那裡傻眼了：對方組織變動，勞保用品不再由後勤部負責，改由採購部統一管理了，原來與後勤部談好的購物清單被推翻重談。因爲隨身帶的樣品不對路，在那個物流不發達的年代，等於是白跑了一趟。

有了這次教訓，我養成了一個習慣，即使事先談過的，臨出門前也一定會與對方再溝通一次，以免生變。

談判對象對談判結果的作用是最爲關鍵的，了解得越充分越仔細，成功的機率就越大。

電視劇《大江大河》裡有一個橋段，雷東寶去水泥廠採購水泥，妻子給他包裡塞了一身軍裝。結果，正好對方的李廠長是軍隊出身，於是，一個莊嚴而親切的軍禮，讓他們一見如

故，迅速拉近了彼此之間的信任，對後續合作起到了積極作用。

劇中這身軍裝的出現，按劇情的邏輯理解就是純粹的巧合和運氣。但我進而又想，如果我們做事提前做好調研工作，是不是就可以將這份運氣換成一定的勝算呢？

說起上面的橋段，就順帶說說我的另一個微習慣，關於寫作和培訓的。我的記錄本裡還有一個「培訓\例子\圖片橋段」的子目錄，專門搜集記錄可以用作培訓與寫作的素材。上面的例子，就是我看到的電視劇的一段，感覺很經典，於是我就按下暫停鍵，截圖，用電腦微信發到自己的平板電腦上，然後記錄到相應的子目錄裡。

關於微習慣，工作中事事處處無所不在。篇幅關係，這裡就列舉上述兩個最常見的場景：開會與見客戶。開會體現一個組織的做事效率，見客戶反映一個公司的做事效果。效率與效果的提升，其實都隱藏在日常的一些微習慣中。

一個優秀的公司之所以優秀，區別就在於細節的日積月累。個人也是一樣，要不斷超越自我，必須在日常的微習慣上形成由意識到行動的閉環建設。

勿以善小而不為，這句古語是講個人品德建設的。放在做事的成效上，則是勿以習慣微小而不為。

39 會管牛人的人，才是真正的牛人

先從一個案例說起吧。

A公司的銷售總監A君最近碰到了煩心事，他的得力幹將銷售經理B君因家庭搬遷的原因辭職離開了。現在有兩個內部候選人C君與D君，他們的職業畫像是這樣的：

C君：態度誠懇，辦事不力。從大學畢業至今的十年一直在本公司，忠於職守。上司交代的任務回應快速，腿腳也相當勤快。但作為主管不懂得分派任務，既不擅長激勵下屬，又不會管教作為不當的下屬。下面的人不按時按量完成工作也不管教，所以C君領導的團隊執行力不強。但是C君待人和藹，情商很高。每次有客戶的突發要求，理不清誰做時，C君總會站出來幫上司挑擔子。

D君：作風幹練，鋒芒畢露。D君管理團隊很有一套方法，懂得因人制宜地管理資歷不同的銷售員，所以團隊績效很出色。但D君有股冷傲勁，甚至以「敢跟

上司叫板」著稱。每次布置任務總要說三道四，擺點資格。另外，在獎金分配上，好幾次「逼宮」銷售總監，要求更多地向他的團隊傾斜，甚至有一次在總監辦公室拍了桌子並表示總監給的這種方案他是不會執行的，要解釋總監親自跟他的下屬解釋去。A君明顯感到了這個D君不好管。

你是上司你會選誰？在各位給答案前，容我補充一句：進入場景思考。

我發現在做案例討論時，作為局外人與情景中的角色是有很大差異的。如果以一個局外人看，很容易選擇業績出色的D君，但進入場景設身處地去想一想：你會提拔一個曾拍過你桌子的人，天天面對他嗎？

我的案例當然是源於生活實例。結果是：A君選擇了C君，然後D君認為主管有眼無珠，一周以後辭職走人，摺下一個爛攤子給心有餘而力不足的C君，公司銷售直線下滑。

事後覆盤，A君居然給出了這樣的觀點：德才兼備的人確實難找，兩相取捨，我寧可用才能差一點的人而不用品德上有問題的幹部。

這裡我想跟大家討論的就是這樣一個問題：什麼是品德上有問題的幹部？誰沒有品德上的瑕疵？既然人無完人，瑕疵到哪種程度可以接受呢？

我覺得在職場上，所謂的「品德」應當寬鬆一點看。生活中，你和別人一言不合，馬上拉黑名單。這個人嘴太損，不

值得交；那個人心太「黑」，不能合作。但職場上，嘴損、心黑，也許這些都不是原則性問題。倒是另外一種傾向要小心：有些管理者，以態度第一、品格優先爲道德幌子，來逃避自己的領導責任，選一個老實聽話的來規避衝突管理。

而眞正體現管理者水準的卻是這樣一種考驗：你能不能管得住桀驁不馴的牛人？

其實，績效出眾的人有牛脾氣很正常，這就好像剛穿上一身漂亮新衣服的女孩要求大家給她多一份關注一樣。這牛脾氣也要一分爲二地看，如果是好大喜功，喜歡出風頭的小問題，你不妨賣個人情，在總經理面前自謙一下：「其實我沒什麼能耐，我們部門的業績主要靠D君做出來的。」這話傳到D君耳朵裡，他會打心眼裡佩服你。而你，甚至可以用一種居高臨下的態度來看這件事：你們的面子不都是我的面子嘛！

那碰到本案的下屬拍你桌子怎麼辦？當然，這是原則性問題。作爲上司，你得與下屬建立規則：我可以接受你的任何批評意見，但我希望這是你最後一次拍桌子。

上下級難處的關係，關鍵要靠磨合。一個優秀的管理者懂得以柔軟但不失原則的身段去調配自己和下屬的關係。對於底線原則，如果有不同意見可以到辦公室來私下交流。對於非原則性問題，比如在總經理面前搶先彙報成績，內部會議上過過嘴癮多講幾句，回覆電子郵件並不總是抄送自己之類的。

你若敏感一點，可以認爲在挑戰你的權威；你若寬宏一點，可以認爲下屬在釋放腎上腺激素。如果這種釋放能帶來更多的工作熱情，幹嘛非要用自己的標準去要求呢？

一個人的心有多大，事業就有多大。你要成為一個牛人，首先得過得了牛人這一關：你手下的牛人自己管得住嗎？一旦過了這一關，你將坐享牛人給你帶來的豐厚業績。

40 你會把目標翻譯成任務嗎？

先來看一段對話。

品質部經理：為什麼報廢成本占我們績效考核的
50%，而只占生產部的30%？
生產部經理：因為我們還有一塊很大的成本指標。

這樣的對話幾乎每天都在各個公司發生，我覺得很多管理者都在捨本逐末。與其花那麼多時間討論這個權重百分比，不如花點時間，將指標翻譯成日常行為的改變上。

我用「翻譯」這個詞，是基於翻譯的兩個動作：理解＋表達。我們不缺對目標的理解，比如成本降低20%，銷售增加30%。我們缺的是表達，這個表達包含了從說者到聽者的角色轉化。目標只有轉化、翻譯成指令接收者日常行為上自己可以影響的作業時，才算朝著既定的方向邁開了第一步。

下面我用一個具體例子來說明如何把目標翻譯成任務。

在一個公司的降本增效工作坊中，財務總監就如何削

減20%的成本徵求各個部門的建議。這時，一位採購部的同事站起來談了他們的思路，先拉出採購部去年的採購成本，然後根據今年的銷量變化，算出一個可比的採購成本作為基準，按直接材料、間接材料與非庫備採購品分攤下去，再分配到每個採購員，每人會領到一定金額的節約指標，最後每月按這個目標進行跟蹤考核。

其實，這種不是任務翻譯，這只是目標分解。很多時候，我們以為目標一分解，就可以期待目標地實現了。對於費用節約20%這樣有挑戰的目標，必須先挑戰我們的日常行為。具體而言，我們要落實到實際的任務中去，並以改進的新行為去衝擊有挑戰的新目標。比如，同樣是採購費用節約20%，我們應當去定義下面的任務和行為。

- 開發 20 家本地供應商，將主材的本地採購份額從30%提升到60%。
- 引入動態4-3-3 份額機制，價格最低的供應商獲得下一季最高的40%份額。
- 大宗商品的採購合同中嵌入量化回溯折扣，5000件的價格是1元，採購量達到6000件後全部按0.95元結算。
- 利用充足的現金向50家現金吃緊的供應商推行「30 - 2%」條款，即早付他們30天換得2%的價格

折扣，達到24%的稅前年化收益。

- 將含貴金屬的廢品變賣，引入競標拍賣。

上面這一系列的任務，把指令發布者的目標轉換成指令接收者可著力改變的行為，這個過程就是將目標轉換成任務的過程。

我覺得很多職能部門在落實目標時都有一個翻譯的過程，下面一一展開講述。

1. 銷售的任務翻譯

訂一個目標翻番的銷售業績並不難，關鍵是落實。目標要翻番，那麼你的團隊必須去實踐一些從未嘗試過的管道與方法。

我的第一份全職銷售工作是推銷工廠用的勞保護膚用品，當時我與我的小組就是用最原始的掃街式推銷：來到一個城市，找到工廠密集的街區，然後一個一個工廠挨家推銷。

我當時意識到，要讓銷量翻番，不是簡單地將銷售人員與廣告費翻番那麼簡單，必須在日常的銷售行為上去改變。

所以我列了一份嘗試不同方法的清單，比如用圈層推動銷售，我在南鋼拿下的那個幾萬人的大單就是通過一個鴿友俱樂部的成員找到他們的採購主管的。事後想想，我用掃街的方式去推銷，也許連南鋼的門都進不去。

2. 採購的任務翻譯

十幾年前我曾在一個半導體工廠代理總裁負責過一段時間的採購，當時有一個挑戰很大的目標：本土採購替代進口的比例從20%提升到50%。

於是，我召集大家坐下來想各種可能的不同做法，其中有一條被事後證明很成功的做法，就是與資訊產業部的積體電路辦公室聯繫上，從他們那裡拿到每年半導體供應鏈在中國的布局與建廠資訊，做成一份「長三角半導體供應鏈」資料庫。

正是這個每月都要去做搜集、編輯的工作，這樣一項新增的作業任務，一下打開了找到對口供應商的速度與精準度。

3. 財務的任務翻譯

財務的翻譯更多是為公司，如何將公司的財務指標轉化成各個經營單位的細分指標，這是指導性的事前控制，比如要達到10%的利潤率，存貨周轉天數不得高於30天。因此，採購部門必須讓一半的供應商建立寄售倉庫，即供應商管理庫存（Vendor Managed Inventory，簡稱VMI），諸如此類。

如果一個公司的財務足夠專業，可以滲透到職能部門的各項「活動設計」中。比如，上5-2（上5天休2天）班還是4-2（上4天休2天）班，要根據加班與加人的平衡點測算；淡季時每天送貨還是隔天送貨，要基於變動與固定費用的敏感度測算；機器的改良投資從哪個工位開始，要基於瓶頸工位的利用

率（OEE）排序……這每一種影響到經營基層的活動設計，都有財務的翻譯指導：將日常活動與財務效果對接起來。

翻譯官在跨國企業裡是作為重點人才培養的，甚至有一個高大上的名字：文化使者（Cultural Ambassador）。最高管理層的經營理念就是通過這些文化使者的翻譯傳遞到每天的基層活動之中的。

奇夢達從英飛淩獨立出來的時候，提出了一個標新立異的經營理念——熱情（Passionate）。我和我的團隊坐下來一起討論之後將它翻譯成這樣的日常行為變化：每個周一都穿紅色的衣服上班，男士可以戴紅色的領帶。夢想一定要有，但沒有日常具體細節的改變，那夢想的實現只能靠「萬一」了。

能將目標與日常活動對接並付諸實施，這就是「接地氣」。

41 成大事者不糾結

最近讀到了一篇《別急著把孩子拔高成朋友》的文章。文中談到一檔家庭音訊節目中，一對夫妻不願生第二個的原因居然是「老大逼著他們寫了不生老二的保證書」。作者宮學萍的點評很是犀利：這個家庭結構混亂，父母的功能和責任太不清晰。

尊重孩子的感受，平等民主，這些聽起來都是很美的事，但做過了頭，或者在不適宜的場景表現出來，就有問題了。

這讓我想到工作中的許多情形，也有類似的問題。很多上司類似於家庭中的家長，當斷不斷，卻以民主的方式避重就輕，實則是在逃避責任，甚至可以說是懦弱。

我的朋友南茜跟我說了他們公司奇葩的CEO。公司的CFO彼得突然辭職了，而公司上下都知道CFO一直在培養他的得力下屬南茜，當然CFO推薦了她做繼任者。而且在一次單獨出差時，這個CEO也曾親口向南茜說過這樣的話：我支持彼得的Succession Plan（繼任者計畫）。

但在確定CFO繼任者時，這位CEO的做法讓南茜大感意外。這位CEO組織了一個龐大的聘選委員會，其中包括了外部教練，還請來了外審公司的合夥人，又是面試，又是筆試

的。南茜還曾傳給我一道面試題：

$$(3\frac{1}{3} - 2\frac{1}{2})^2 \times 2 = ?$$

在美國公司，位高權重的 CEO 自己欽定自己的 CFO 是常規。結果，害怕承擔責任的 CEO 以民主的名義將決策權交給了一大幫外人。問題是，最後南茜沒被選上。於是，公司也失去了這位優秀的人才。如果上面的小學算術題是讓她錯失這個崗位的一部分，那簡直就是一種智力侮辱了。

CEO 可能離我們遠了一些，我說說日常工作中最常見的部門經理吧。

我以前在做銷售時，每次參加分區經理召集的會議就是一種煎熬，各種糾結、和稀泥。我們分區有一個叫老張的銷售員，每次開會總能侃侃而談，談他如何過五關斬六將地認識一個大家想見面都見不到的大客戶，但就是沒訂單。談到每人的當月銷售指標時，老張就會扯他的宏大構想，而我們的分區經理居然會有這樣的好耐心：老張的構想大家怎麼看？大家還煞有其事地討論起來了。

好吧，感謝這位分區經理，讓日後的我在自己主持的會議中，每每碰到這類喜歡談「詩和遠方」的下屬時，我會簡單粗暴地來上這麼一句：「來，我們先把手頭的事落地了再說新構想。」

民主，並不是適合任何場景的。我總結了有兩種情形是不能談民主的：

1. 能力：不在一個檔次

文章開頭講的小孩，其理性分析能力與生活經驗不足以作為一個獨立的聲音來一起討論是否要新增一個家庭成員，你還鄭重其事地與他立下保證書？

有個剛入職華為幾個月的大學生給任正非寫了一篇有關華為未來發展方向的「萬言書」，結果任正非直接指示送他去醫院檢查有沒有神經病。與能力不在一個檔次的人認真討論重大決策，這和與臭棋簍子下棋一樣，只能拉低自己的水準。公司高管隨隨便便地把時間浪費在不值得的討論上，這其實也是一種不盡責。

2. 角色：沒有這個擔當

俗話說「不在其位，不謀其政」。我在德國公司工作的十年中，特別是在總部工作時，發現德國大公司裡的政治鬥爭非常嚴重。後來自己與另外兩個朋友註冊一個非營利機構（Verein）時才知道，德國公司是集體負責制。比如，這個非營利機構裡一個人幹了違法的事，我們另外兩個人要一起坐牢的，所以德國公司不民主都不行。

反過來，在一人獨大的企業，總經理或法人代表的職責就是做決策的。

很多老大不想背鍋，不喜歡做得罪人的事，比如解散一個機構，賣掉一個不掙錢的事業部，常常會找諮詢公司。可是，

諮詢公司是不能為你的決策擔當的。外腦只能給你提供分析意見，決策還得你自己來做。

　　成大事者不糾結，該出手時就出手，別拿民主做推卸責任的擋箭牌。

42 做一個會提問題的人

上周出差的時候，帶了一本據說是「批判性思維入門經典」的書，美國作者尼爾‧布朗與斯圖爾特‧基利合著的《學會提問》。讀完之後，果然有很多的真知灼見。

正好，最近有一個創業的朋友大偉在做一個糾結的決定：是否要和他的合夥人分手？他在請教我的時候，我就用這本書上的幾條法則來提問，結果讓這位朋友茅塞頓開。下面我就結合大偉的這個案例講一下自己常用的幾個提問技巧。

康利是大偉的一個好朋友推薦給他的職業投資人，兩人初次見面，相談甚歡，在公司O2O發展上有著共同的使命與願景。幾次深談之後，大偉決定吸收康利成為自己的合作人。雙方約定，康利負責資本市場的融資，公司的內部營運管理依然由大偉親自掌管。

半年之後，大偉發現有兩個高管相繼離開，人事總監在與兩位高管面談後回饋的資訊是：他們看不慣康利插手他們公司日常管理的做法。

現在大偉糾結的是：讓康利離開，自己馬上會失去一

個不錯的融資管道；不讓康利走人，高管的相繼離開
也將是公司無法承受的損失。

我在聽完他的問題後，就用了《學會提問》一書中的三個
技巧：

1. 拓寬思路，找到替代原因（rival causes）。

我的提問是：「你覺得高管離開除了合夥人插手的原因，
還有什麼其他可能的因素？」

這個問題讓我的朋友陷入了沉思。在搜索可能的原因時，
他的焦慮感似乎減緩了許多。我最後總結道：「沒事，你現在
不必給我答案，你回去有空自己慢慢梳理。」

這個尋找替代原因的提問，可以讓人從聚焦的單一問題點
中抽離出來，以一個更完整的思路去把握整個大局。

2. 淘金式思維（screening reasoning），認真篩選獲得的資訊。

我的提問是：「你是如何確認高管的離開就是合夥人的插
手引起的？」我的朋友脫口而出的回答是：「人事總監告訴我的
啊。」他是個反應靈敏的人，這句話回答完，似乎就意識到了
有什麼不對，就嘟囔了一句：「莫非人事總監在搞事？」

我的點評是：我不能幫你做這個判斷，我提這個問題只是
想提醒你，如果這是你得出結論的唯一資訊源，你要再仔細鑑
別這條資訊中的每一個細節。

與淘金式思維相反的是海綿式思維，對聽到的資訊全盤吸收。我們往往會對信任的人用海綿式思維來接收他們發布的資訊，但每個人都有自己的個人利益，理解這一點，你就不應該盲目接收所有的資訊。

3. 區分「事實」與「觀點」，分清陳述性（descriptive）與觀點性（prescriptive）之間的差別。

我們的大腦常常被「該不該」的觀點所綁架，而混淆了對「是不是」的事實性判斷。合夥人「該不該插手」與「是不是已經插手了」是兩個完全不同的問題。

所以，我的提問是：「有哪些證據證明了合夥人已經插手了？」

我的朋友在這個問題面前愣住了，思考了一會兒，說了這樣一句：「我得把這件事證實了再來向你討教。」

這第三個問題是我們常常陷入的思維誤區。我在講《高效能人士的七個習慣》中，講到 Principle 這個概念時，特意要花時間去糾正中文譯版中把史蒂芬・柯維講的 Principle 翻譯成「原則」的錯誤。這本書裡講的 Principle 是不以人的意志為轉移的「規律」，而翻譯成「原則」之後，就降格成「價值觀」了。

原則是基於主觀價值觀構建的。你有你的原則，我有我的原則，但規律卻不分你我。在一個把原則等同於規律的語境中長大的人，是特別需要有意識地去區分觀點性描述與事實性描述的區別的。

以原則為中心的思維定式

　　品德成功論根植於一個基本信念上，那就是人類效能都需要原則作指引，這是放之四海皆準的真理，和物理學中的萬有引力法則一樣，都是毋庸置疑、不容忽視的自然法則。

　　至於這些原則的真實性和影響力到底怎麼，看看弗蘭克‧柯克（Frank Koch）在海軍學院的雜誌《過程》（*Proceedings*）中寫到的思維轉換經歷就知道了：

　　　　兩艘演習戰艦在陰沉的天氣中航行了數日，我就在打頭的那艘旗艦上當班，當時天色已晚，我站在艦橋上瞭望，濃重的霧氣使得能見度極低，因此船長也留在艦橋上壓陣。

　　　　入夜後不久，艦橋一側的瞭望員忽然報告：「右舷位置有燈光。」

　　　　船長問他光線的移動方向，他回答：「正逼近我們。」這意味著我們可能相撞，後果不堪設想。

　　　　船長命令信號兵通知對方：「我們正迎面駛來，建議你轉向20度」

　　　　對方說：「建議你轉向20度。」

　　　　船長說：「發信號，告訴他我是上校，命令他轉向20度。」

　　　　對方回答：「我是二等水手，你最好轉向20度。」

　　　　這時船長已勃然大怒，大叫道：「告訴他，這是戰艦，讓他轉向20度。」

　　　　對方的信號傳來：「這是燈塔。」

最後，摘引幾句名言作為結語：

不學不成，不問不知。

　　　　　　　　　　　　　　　　　　　　── ［漢］王充

教育的真正目的就是讓人不斷地提出問題、思考問題。
　　　　　　　　　　　　　　　　　　　　──哈佛大學名言

43 管理，必要的務虛

最近有兩個案例，讓我對管理有了更進一步的認識。第一個案例是我的一個輔導對象，他是一個民營企業剛提拔的部門經理，A君。

A君是因為技術突出，新晉為一個十幾人的工程部的經理。他是一個實幹家，什麼事都是親力親為。工廠裡機器發生故障，他能一個人趴在工廠裡鑽研細節；客戶來討論新產品方案，他也是隻身一人參加會議，從不帶下屬。董事長曾提醒他從培養下屬的角度出發，要多帶新人，多教新人，但A君卻說：「教別人那點時間，早把事情給解決了。」

第二個案例是在上周南洋理工大學校友會上，校友B君跟我聊起職場上的鬱悶之事。B君在一家外企負責公司的營運工作，碰到一件讓他想不通的事。

B君手下的一個設計部的經理提出辭職。他覺得公司

一直對這位經理很好，加薪、提升、委以重任，工作也做得好好的，想不通他為什麼要辭職。後來通過人事部的離職訪談才知道，這位經理不滿 B 君跳過他直接與他的下屬交流，而且在不與他交流的情況下否決他在部門做的決定。B 君很不解，他與下屬談的都是技術問題，難道他們上門求助就要把人推出去？

以上兩個案例有一個共同的特點：兩個總監都太「實」了，A 君是實幹，B 君是實誠。前者體現在做事上，後者表現在為人上。為人處事，這兩位都過於實在，而沒有把握住大局。管理者上到一定的職位，一定要有務虛的能力。所謂的務虛就是要看到「看不見的東西」，比如公司當下最大的目標是什麼，員工的能量狀態處於什麼樣的狀況，當下組織中成員間的關係是否融洽等等。作為一級組織的部門領導，不能滿眼都是實事，得經常跳出當下的小局，看到一個如何把控與領導的大局。

如何提升這種把控大局的務虛能力呢？這裡我借鑑吳軍老師在《全球科技通史》一書中歸納人類科技的兩個視角：能量與資訊。所有的科技不外乎人類提升能量利用的能力與探索宇宙奧妙的資訊。同理，一個組織的管理，也可以歸納成兩大類：代表生產力的組織能量與代表生產關係的組織資訊。

對於組織的生產力，一個管理者在遇到問題時，就要問自己這樣一個問題：我這樣做是否有利於調動組織成員的積極性，讓他們每個個體的能量發揮到最大？眾人拾柴火焰高，一

個組織能量的高低，關鍵在於每個個體的能量是否一直處於高能量狀態。回到上面的案例上，顯然 A 君只是發揮了他自身的能量，沒有發動部門成員的能量，這種情形繼續下去，個人越優秀，組織越弱化，因爲領導者的親力親爲剝奪了下屬成長發展的機會。

對於組織的生產關係，一個管理者在遇到難題時，要問這樣一個問題：我這樣處理是否有利於提升成員間的協作關係，形成合力？回到第二個案例上，顯然 B 君的干預影響了小團隊的上下關係，非但沒有形成合力，還失去了一位有經驗的骨幹。從資訊理論的角度看，一個管理者講的每一句話都是一個訊號，你若是來者不拒地接受最下層的報告，便會在你領導的組織中傳遞這樣一個訊號：我才是主事的人，你們不必在意中間層領導的意見。這種訊號對於中間層領導是一種打擊，代表一種不信任。

從一線技術專才到團隊管理者，必須完成從實幹者到管理者的角色轉型，從個人的興趣點出發，花更多的時間與精力去考慮整個部門的大局，將部門的業績而非個人的貢獻度放在首位，看到那些看不見的「能量」與「資訊」，做到實事虛做，虛事實做。大象隱於無形，眞正的管理高手，都看得見一般人看不見的風險與機會。

為什麼一個開餐館的要懂運算思維

為什麼一個開餐館的要懂運算思維？這個關聯聽上去腦洞開得有點大了，餐飲可是人類最古老的行業之一，而電腦可是最近五十年的產物，兩個不搭啊？

我們先來看一道簡單的乘法算術題，21×13＝？除了用我們小學裡學的豎式乘法，還有什麼你意想不到的算法嗎？

二十年前，我在輔導兒子做數學題時，無意中發現他的德國同學居然是用畫圖的方法做兩位數乘法的。我看後驚呆了。

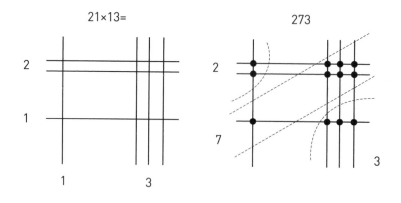

① 對應於乘數 21 的「2」與「1」，分別在上面與下面畫兩條與一條橫線。

② 對應於被乘數 13 的「1」與「3」，分別在左面與右面畫一條與三條分隔號。

③ 參看右側的圖，標出所有線的交叉點。

④ 用虛線將圖分成三個區域，將節點劃分開來。

⑤ 數每個區域的節點數，並在旁邊寫下該數字。

⑥ 按上中下順序將獲得的三個數字填入答案處，即 273。

怎麼樣？神奇吧。小學裡經常算術比賽拿獎的我，在這套算法面前只能是自嘆不如，仔細品一下，這個算法就有運算思維在裡面。

下面我們先來說說運算思維中的電腦。電腦是西方發明的，它的英文詞叫 Computer。其實 Computer 這個詞最早的意思是「計算師」，計算師不是數學家也不是工程師，他們是專門做計算的人，二戰時期，美軍還專門有一個計算師的編制。

計算師的任務是為炮兵計算遠端大炮的射程落點，因為炮彈的飛行軌跡受諸如風速與地勢等許多因素影響。但是戰場上瞬息萬變，必須在最短的時間內計算出發射角度，所以他們需要好幾個計算師進行快速的函數計算，以確認炮擊的精度。

後來隨著電腦的發明，計算師這個職業就不需要了，Computer 這個詞也完成了它的歷史使命，交給了能進行程式化計算的機器——「電腦」了。

通過Computer這個從「計算師」到「電腦」的詞義演化，大家有沒有發現英語思維背後的邏輯？英語中的尾碼-er或-or代表前置動詞相關的「人」或者「物」。

當解釋成「⋯⋯之人」時，基本上是職業，比如Driver司機、Translator翻譯、Composer作曲家、Baker麵包師等，但也有一類詞表示的是「⋯⋯之物」，比如Typewriter打字機、Calculator計算器、Printer印表機、Eraser橡皮擦、Cooker炊具等。

為什麼同一類尾碼會同時表示「物」與「人」呢？如果重新來制定一下語言規則，以er表示「人」，or表示「物」，豈不是更清晰明瞭？其實，變形的「人」與「物」的可替換性才是其奧妙所在。為了更好地說明，我畫了一張解構圖。

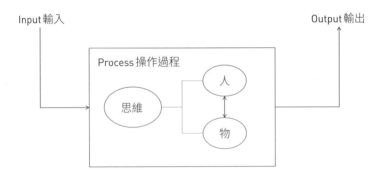

在「輸入」與「輸出」之間的操作過程中，先有一個驅動的「因」，就是思維，思維又是通過「人」或者「物」對外傳導輸出結果的，所以是先有無形的心智創造，然後才有有形的物化創造，中間的傳導可以是人，也可以是物，這「人」與「物」是隨時可以互相替換的。

事實上「人」與「物」的更替交換，在英文單詞裡我們已經見證了一大堆，有的已經發生，有的正在發生。

Printer（印表機）──印刷術發明時，它是「印刷工」
Driver（司機）──無人駕駛汽車幾年前就在路上跑了
Photographer（攝影師）──iPhone 11 的照片每一張都是擬合過的
Composer（作曲家）──現在音樂播放機合成的音樂可以以假亂真
Translater（翻譯）──這是我大學讀的專業，不說了，你懂得
Editor（編輯）──現在上市公司的財經發言稿已經可以由電腦生成了

我們這代人非常幸運，正在經歷科技文明的偉大變遷。上面是已經發生的，下面我大膽暢想一下可能發生的：

Lawyer（律師）──未來這個詞的意思可能是「法律文案檢索機」
Accountant（會計）──未來這個詞的意思可能是「一種自動報帳儀」
Doctor（醫生）──未來這個詞的意思可能是「讀片診斷器」
Programmer（程式師）──未來這個詞的意思可能是「程式生成機」
Poet（詩人）──未來這個詞的意思可能是「情感催淚機」

就我自己的財務職業而言，我在公司領導的RPA（Robotic Process Automation）專案就是在逐步把會計的工作交給電腦做。

這種「人」與「物」的具體指代可以隨著技術的更迭隨意替換，但背後的思維驅動從未改變，思維就像孫悟空吹毫毛的那個靈感，至於最後變成什麼，只是一種具體形式而已。所以，電腦不厲害，厲害的是它背後的運算思維。

那什麼是運算思維呢？

運算思維的本質是輸入與輸出之間的控制，我們做任何事

都是循著Input（輸入），到Process（加工），再到Output（輸出）的三步過程，所謂運算思維就是在給定的「輸入」下，為了獲得想要的「輸出」，如何將中間環節完全掌控的做事思路。

輸入是以條數代表的數位，控制是找交叉節點，輸出是最後的節點數，這些節點數從左到右排列起來，就是最後的乘法結果。

這種輸入輸出控制的關鍵是過程的穩定性，當一段控制程式每次可以得到相同的結果時，這段控制程式就可以封裝起來，管它叫Program（程式），然後把它運用到同類的操作上。

了解了運算乃建立「輸入」與「輸出」之間絕對控制的裝置這一本質，我們就可以來檢閱身邊的各種發明了，看看它們是否符合「運算」特徵。對此，我對一些常見的裝置做了一個對照圖，標Yes的表示該裝置符合「運算」特徵，標No的表示不符合。

遙控器	Yes	按「＋」音量就變大，按「切換」就回到前面看的頻道
算盤	Yes	儘管它不帶「電」，卻是老祖宗最偉大的發明之一，輸出與輸入幾乎同時發生
照相機	Yes	過程巨複雜，但結果很明確，按一下快門照片就出來了
老虎機	Yes	表面看每次出來的數字不一樣，但這個「隨機」的不一樣正是設計時希望得到的結果，所以老虎機也是運算
血壓計	No	因為在操作過程中多了人這個變數，人的坐姿變得一點或者情緒緊張，結果就不一樣了

現在回到一開始的命題上，如何用運算思維開餐館？

餐館的核心輸出就是菜品，它的輸入就是食材。所以經營

一個餐館的基本命題便是：如何在給定食材的情況下穩定地輸出口味去符合顧客需要的菜品？

如果你把餐館定位成一家風味獨特的招牌菜餐館，當然傳統的廚師方法是合適的，但是你只能做一家，無法複製。如果你想把它做大，做成連鎖店，你就要杜絕內在的品質差異造成的內部蠶食效應（Internal Cannibalization），而一旦用到Input — Process — Output 的程序控制，你就需要運算思維了。

為了穩定而一致的高效輸出，你得不斷優化那個「中間過程」，這個中間過程濃縮了你的認知，沉澱了你的「算法」，這些認知和算法，我們統稱為技術訣竅（Knowhow），比如下面的一些操作：

- 用自動化代替手工操作的穩定性
- 反覆調試前端程式以保證一鍵出效果
- 通過覆盤整理的各種認知清單，比如「談判添頭事項」、「路演準備清單」
- 不斷升級的「面試測試題庫」

羅振宇要求他的團隊在製作節目後形成這樣一個習慣，每次錄完節目，不管多晚，製作組一定要留下來覆盤，將這次的得失更新到相應的控制清單中，比如雜訊的控制、提示器的字體調整，每一次失誤都成為下一次更高標準輸出的輸入。

難怪劉潤老師每次的講演稿要控制在3800 字（±20字以內），他是運算思維的高手，在用穩定地輸出告訴用戶，他是

有品控能力的。從品質到品牌，其實就差一條線，一條時間軸上的一致性直線。優秀的企業做品質，卓越的企業做品牌。

那麼，你是一個算術好的「-er」（工匠），還是放棄了算術玩算法的「-er」（工具）？用運算思維開餐館，就是「算法」對「算術」的降維打擊[6]。

6　編注：「降維打擊」最早出自劉慈欣的科幻小說《三體》之中。現指改變對方所處環境，使其無法適應，從而凸顯出己方的優越性，屬於一種戰略手段。

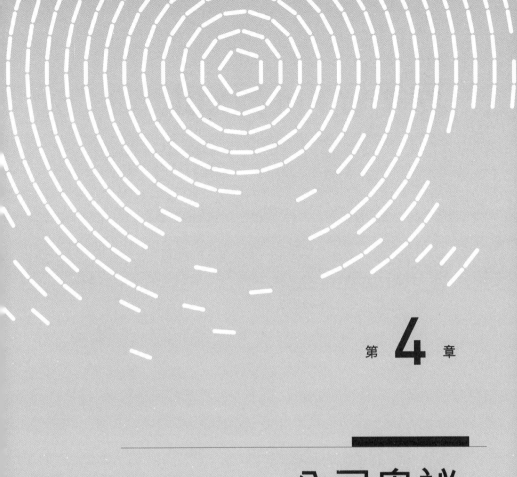

第 **4** 章

公司奧祕

45 從 KPI 到 KBI

上週末在未來商習院講了一堂變革管理的課。

一開始，我讓大家列出各自公司裡正在發生的變革，並分組討論：你是如何定義變革成功的？

五個小組巡視下來，各自在案板上寫下了成功變革的定義，如下：

- 銷售過億
- 利潤翻倍
- 客戶滿意度達到 95%
- 市場份額超越 10%
- 新系統如期上線

我並不吃驚這些答案，也正因如此，我覺得這堂課特別有必要，我的重點是：不要用錯力，錯把果當因來實施變革。

上面列出的每一項，都是代表結果的關鍵業績指標（Key Performance Indicator，簡稱 KPI），而真正代表變革成功的應當是全新的行為模式，即關鍵行為指標（Key Behavior

Indicator，簡稱KBI）。如果行爲沒有發生改變，變革的成果便難以維持。

關於行爲，我講一個小故事。

有一對美國的富豪兄弟，非常喜歡打獵，但所在的州對大型動物的捕獵有數量限制。於是，這對兄弟向北進發，進入鄰國加拿大，因爲那裡沒有捕獵限制。富豪嘛，出國打獵是不開車的，他倆開了直升機。一天下來成果輝煌，一共射殺了五頭麋鹿。五頭麋鹿，足足有好幾噸重，他們費了好大勁才塞進了機艙。

隨著直升機螺旋槳呼呼地轉悠，機身艱難地騰空升起，但沒升幾米，哐當一聲，直升機摔落在地。顯然，這五頭麋鹿超出了直升機的承載量。這兄弟倆狼狽地從機艙裡爬了出來，哥哥看著一瘸一拐的弟弟，關切地問道：「老弟，你沒事吧？」弟弟伸出了五個手指說道：「去年也是五頭，嗨，又摔壞了一架直升機。」

這個故事說明要想避免重蹈覆轍，我們必須要有行爲上的改變。用愛因斯坦的話來講，所謂瘋狂，就是用同樣的方式做著同樣的事，卻要期待不一樣的結果。

下面我介紹下KBI。組織行爲的改變，不同層級的人有各自的行爲要改變，我列出了這樣一張圖：

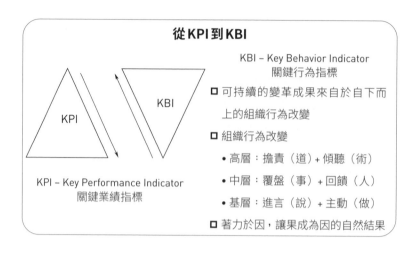

從 KPI 到 KBI

KPI

KBI

KPI – Key Performance Indicator
關鍵業績指標

KBI – Key Behavior Indicator
關鍵行為指標

☐ 可持續的變革成果來自於自下而
　上的組織行為改變

☐ 組織行為改變
　• 高層：擔責（道）+ 傾聽（術）
　• 中層：覆盤（事）+ 回饋（人）
　• 基層：進言（說）+ 主動（做）

☐ 著力於因，讓果成為因的自然結果

1. 關於高層的 KBI

作為高層領導，有「道」與「術」兩個層面上的改變。

對應與職場上的典型作為，在道的層面，要勇於承擔。專案失敗了，上司要站出來擔責，而不是拿下屬頂包，不然，以後沒人會追隨你。我個人對上司的定義只有一個：擁有追隨者。一個可以獲得追隨者的方式，就是傾聽下屬的意見。

許多私企老闆管公司，基本上是一言堂的決策模式。所以，管理行為上從發話到傾聽的行為改變就顯得尤為重要了。一個不善於傾聽的領導很難激發下屬的積極性，甚至獲得的資訊也是被加工過的各種「猜你喜歡」。

2. 關於中層的 KBI

中層的 KBI 是什麼呢？我覺得有兩條：分別是對「事」與

對「人」的。

「事」的層面，很多中層經理做完了不覆盤，以至於下次碰到類似的問題，會在原來的坑裡再掉一次，就如同每年都貪心地要帶走全部 5 隻糜鹿的富豪兄弟。一次徹底的覆盤，不僅可以找出問題的癥結，對於做得好的地方，還可以考慮如何進一步推廣。

「人」的層面，回饋很重要。下屬的能力提升，很關鍵的一點是領導的回饋。管理學中有一個概念，叫作「黑暗球場」效應。即你在一個漆黑的球館裡，投籃訓練無論有多刻苦，都是白搭。艾利克森在《刻意練習》裡講到刻意訓練，其中關鍵的一點就是來自有經驗的教練的回饋。回饋就是那個黑房子裡的亮光，讓你通過參照來調整每一次的動作，逐步靠近你的目標。

3. 關於基層的 KBI

對於基層員工，也有相應的 KBI 要刻意操練，也是兩個方面，分別是「說」和「做」。

說，就是要敢於開口，從澄清工作指令到提出個人意見，都要有敢於表達的勇氣與底氣。當然，主管要營造一個平和的氣氛，除了上面提到的傾聽，還有一點也很重要，那就是多肯定、少打壓。

在做的層面，下屬最可貴的一個品質就是主動。做事主動的人會多問一個為什麼，從了解領導意圖出發，多準備一點資料，多做一點分析，多提供一些參考，爭取想在主管之前。這

樣的下屬，要不被提拔都難。會開完了，沒人做會議紀要，那就我來。電梯的門關不緊，拉個椅子在門前做個提醒標識，然後打電話讓後勤組來維修，諸如此類。

我對這次住的良渚君瀾度假酒店很有好感。退房那天，我吃完早餐，拎著大包小包走出來，餐廳的服務員二話沒說，取了我的行李幫我拎到三百米外的前臺。我不能說這家酒店一定上過變革管理的訓練課，但有一點是肯定的，他們在經營酒店品牌時，肯定不是以「客戶滿意度」這樣的KPI來教導員工的，而是以「打破崗位限制，看到客人有困難就要立刻給予幫助」的KBI來提升員工服務水準的。

行為是因，績效是果，只有著力於底層的行為改變，才有可能獲得不同尋常的經營績效。是P還是B，是Performance（業績）還是Behavior（行為）？簡單的道理，很多組織卻都做反了。讓KPI回歸KBI吧！

46 公司是否總能陪伴你

今天是元宵節，中午給員工派發元宵。這種行為更多是一種符號，一個訊息，表示公司總會惦記著員工。要「惦記」著惦記大家，這說明還不是真正的一家。公司到底該不該，或者能不能與員工成為一家呢？下面來說說Company這個有趣的英文詞。

Company，稍懂一點英語的人都知道它的意思是「公司」。其實，Company還有一個意思也很常用，即「陪伴」。在英語中這個意思還挺常見，也是一個口語化的詞，比如「No worries. I will keep you company.」（不用擔心，有我陪你呢）。

這「陪伴」與「公司」有什麼關係呢？當然有，而且我們最常見的「公司」之意還是由「陪伴」陪出來的呢！在《第五項修煉》一書中曾有一段對公司Company這個詞由來的解釋，Company的英文是從Companio這個拉丁語演化而來的。Companio在法語中的意思是「一起掰麵包」，英文中另一個詞Companion（同伴）也是由此而來的。

原來最早的公司原型都是小型的私人作坊，大家生息與共，幹完了活就坐下來「一起掰麵包吃」。於是，Company就

成了小型公司的代名詞了。事實上直到今天大型公司用的還是另一個詞Corporate，它是「corp」這個詞根延伸出來的，即「身體」的意思，大型公司都是Incorporate（合成）出來的，即由子公司這些組織合為一體而成的。美國人的名片上，公司名稱之後都寫著Inc.，也就是這個Incorporate的縮寫。Company以「一起掰麵包」的行為來命名其實有很深的象徵意義，它象徵著「同呼吸，共命運」的利益共同體。我們現在形容與他人的關係時，如果說「我和他只吃過一頓飯」時，說明關係不熟。同理，如果天天在一起掰麵包吃，那可是唇齒相依的關係了。

事實上，這種象徵意義在當今依然存在。公司的存在其實有兩個方面，必要性與可能性。必要性就是這種抱團取暖的社會關係。

我在德國工作時，有一次參加一個領導力培訓，當討論到公司使命時，幾乎所有在場的德國同事都認為，員工利益是與股東利益同等重要的。我當時非常震驚，因為我一直認為MBA教科書上講的上市公司「股東利益最大化」是一條不容置疑的法則。從這個角度去理解，德國人和法國人愛鬧罷工實在是一種太正常不過的現象了。以前是一起掰麵包的，怎麼能「說沒就沒了呢」？在他們眼裡，公司存在的一個價值就是讓大家有麵包吃。我父親到德國來探親時，發現我們住的小鎮上的商店沒什麼人氣，就很納悶：這些商店怎麼存活？

其實他們有他們的模式。我的德國鄰居告訴我，他們買東西儘量買鎮上小店裡的，彼此照應嘛。明白了這一點，你就可

以理解德國公司爲何很少更換供應商，即使像花旗這樣的外來銀行以更好的價格與服務將門店開到你家門口，但德國公司還是優先考慮本土銀行，那些困難時期曾幫助過他們祖祖輩輩家族企業的本土銀行。

所以，在很多歐洲國家，公司行爲並不總能用單一的逐利動機來解讀。現在很多大型企業都會宣導「企業社會責任」（Corporate Social Responsibility，CSR），最早也是出自歐洲企業「取之於民，用之於民」的基本訴求。

2002年，我剛到英飛淩慕尼黑總部工作時，第一天走進辦公室就看到黑板上貼了一幅漫畫，很有意思。畫面上的一個老乞丐看到一個白領模樣的新乞丐加入，就問道：Sind Sie geschieden oder von Infineon？（你是剛離婚還是從英飛淩出來？）

在離婚成本巨高的德國，有一種乞丐是離婚離出來的，而現在似乎又多了一種新模式！二十年前的英飛淩，作爲最早推行美式管理「淘汰5% 最差員工」的公司，遭到了全德國劈頭蓋臉的輿論聲討，黑板上這幅漫畫只是諸多段子中的一條。

維持員工的生計並讓大家有過體面生活的理由，這就是公司存在的必要性。德語中有一句著名的話：Leben und Leben lassen（自己活也得讓他人活）。公司的存在，用市場的邏輯講，其唯一的理由就是它是一種更經濟的交易模式。如果生產資料、勞動力與資本在公司的組織運作下不能產生高於個體或其他協作模式的經濟效益，公司就不應該存在。

講來講去，公司就是一個捆綁利益的組合體。大家聚到一

起掰麵包正是因爲大家共存這樣的信念：我們組合起來可以吃到更多的麵包。但麵包並不總會源源不斷地增加，這個時候就該分開了，大家無法再Stay company（待在一起）了。

讓我用亞馬遜創始人貝索斯的一句名言作爲本節的結語：

> 當我們發現點兩個比薩餅不夠大家吃時，這說明我們的隊伍太大了，必須拆分另起爐灶了。

從十七世紀到二十一世紀的今天，公司的演化只是從「掰麵包」演變成「切比薩餅」而已，背後的基本原理一直沒有改變：公司的利益與員工的需求永遠是一對矛盾共同體。

公司，你還陪伴嗎？

47 私董會，集體思考的演練

上個月，參加了國內私董會先鋒代表蘭剛的私董功場，很有感觸，週末的時候終於騰出空隙寫個總結，以饗讀者。

先說說這個大多數人還不太熟悉的新鮮詞：私董會。從字面上聽像是有錢人的私密聚會，其實它是一個正式嚴謹的議事機制，至少我從蘭剛的私董功場得到的感受是這樣的。

私董會是很中國化的譯名，在美國它的全名叫作 Peer Advisory Group，即私營業主們互相交流經營管理的同僚顧問會。在美國，這種形式起源於20世紀50年代，主要是小企業（一般小於1000萬美元年收入）自發建立的顧問制，你可以理解成一種正能量互助組織。但引入國內後，發現有需求的不僅是小企業，大企業其實更需要。而這種需求背後的核心問題是國內私營企業決策流程中的習慣性盲點。

下面來看一個案例。

光輝電器是董事長劉偉（公司及人名均為化名）一手創建的，從5000元資本起家，一直到現在年銷售50億元的規模。劉董抓住了每一波的市場機遇，從80

年代的物資倒騰到 90 年代的出口紅利，直至最近的成功上市。一次次的成功讓劉董一騎絕塵，自信心爆棚的同時也變得異常的獨斷。再加上中高層的幹部都是跟自己打拼十幾年的老部下，更讓劉董形成了不言自威的絕對氣場。

但最近劉董攤上了麻煩事，過度擴張造成的負債經營使得公司出現了資金鏈問題。直到後來在私董會與其他老闆的坦誠交流中，才意識到自己的問題，怎麼一路走來沒有人提醒他其中的風險呢？

劉董的案例很有代表性，不是過度擴張的問題，也不是財務穩健的問題，問題的核心是單薄的決策體系。再聰明的大腦都有思維盲區的。

私董會的存在就是解決這樣的問題的。私董會本身就是一種機制，一種理性判斷與科學決策的集體協商機制。從蘭剛的私董會裡，我看到以下兩個亮點：

1. 公平氛圍。用蘭剛老師的話講，這些成功的企業家都是九死一生，從死人堆裡爬出來的，骨子裡都有一股傲氣，這也是一對一私教在國內不容易成功的原因。讓一群精英在一起，不是 PK，也不是互掐，而是通過一組巧妙的 U 形桌椅設置，傳遞這樣的資訊：每個人都是平等的。要發言也得舉手，再牛的人，每次講話嚴格遵行 3 分鐘的時限。這種平權設置從框架上避免了一人獨大、強者多言的失衡局面。讓牛人進入牛人的場子，再牛的人也是平凡的一員，氣場一下子給降了下來。

2. 流程主導。私董功場有嚴格的辯題流程，見下面的 U 形七步法。在問題澄明之前不允許討論方案，同行點評時不允許辯解，講事實階段不許帶入判斷，諸如此類。好的流程可以最大程度保障理性思辨的流暢與深度。

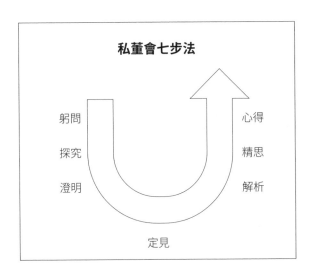

民企絕大多數都有決策時關鍵資訊缺位的通病。像案例中的財務風險不是企業的純粹無知，而是知情者無法在關鍵節點用一種理性平等的方式上呈給決策者認真討論。此步走得好，不僅讓案主獲得有價值的行動方案，還在最後的「心得」環節完成一次自我認知升級。

而七步法的流程可以用一種自然的方式將辯論、反思以及最後的頭腦風暴按合理的順序一一落實。

很多人困惑於「選 A 還是選 B」，但經過有深度的問答之後，很可能會找到一個 A+B 的結合體或者一個全新的 C 方案。

關鍵人物的關鍵決策會帶來關鍵後果，在這個環節上非常值得同行的深思廣議。

很多人也許會覺得只有要做重大決策的大老闆才會對這個課題感興趣。其實自己部門的痛點問題，也可以通過這個七步法去發問、反思、澄明，最後形成新的定見以及解決思路。本節篇幅所限，對七步法有興趣的，可以直接訪問「私董功場」公眾號。當然，本人也可以為你小試牛刀。

我個人的整體感受是：私董會擊中了人們普遍不會提問題、分不清假設與事實、對事與對人混在一起的痛點。大到企業，小到家庭乃至個人，會不會有效的思考，這是一個人一生值得追究的重要問題。

看一個人的思想水準，不是看他提供的解決方案，而是要看他會不會提出有品質、有深度的問題。

48 有眼光的你，才會選有眼光的公司

　　上個月的一個週末下午，受朋友之邀，參加了樓氏電子的3年慶典活動——Toastmaster（頭馬）。作為嘉賓，我也做了一場關於頭馬與英語學習的演講。

　　什麼是Toastmaster？百度百科解釋是：Toast是「舉杯祝賀」，Master是「主人」，所以可將Toastmaster解釋為「會議主持人」，簡稱TM。Toastmasters International自1924年於美國加州成立，為一個非營利事業組織，在全球136個國家擁有

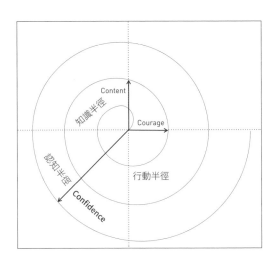

超過1.6萬個會員組織，是一個說明他人如何演講、傾聽與思考，培養學員領導、表達能力的國際性組織。

順便說一下樓氏的TM，他們是有TM國際組織頒發的會員序列代號的，CLUB#5991914。參加過TM的，將來無論去哪裡就職，講起自己的TM經歷，就會有一種「找到組織」的親近感。在我們公司，我也做過TM的輔導老師，我覺得TM培養的可不只是外語技能，更多是一種品格建設和與此關聯的認知提升。為此，我總結了一個3C模型。

在最內圈的**第一個C是Courage，即勇氣**。勇氣能帶來行動，不敢開口的變得敢開口了，所以它提升的是一個人的行動半徑。行動半徑越短越好，從變革管理的心理障礙角度上講，越微小的行動越能「越獄成功」，要知道我們大腦的預設設置是帶了一把大鎖的思想牢獄，不會隨便放我們出去做耗能耗神的探索。所以，TM剛開始的活動也很簡單，都是些「高吼一聲」、「做個鬼臉」之類的小嘗試。

第二個C是Content，即內容。如英語知識，包括詞彙量、常用語詞組等表達方法，這構成了一個人的知識半徑。行動必然帶來知識的收穫，知道得越多，這第二個圈代表的知識面就越廣。臺上一分鐘，臺下十年功，講的就是這第二個圈的知識與技能積累。

第三個C是Confidence，即信心。信心來自實力，英語詞彙量豐富了，固定搭配熟練到了脫口而出的地步，你站在臺上就有自信了。TM的一個基本標準是上臺完成七分鐘的英語演講。有了基於內容準備的自信，七分鐘的演講就沒那麼可怕

了。一次七分鐘的成功演講，代表了一個人一次成功的變革閉環。有了第一次，就會有第二次，誠如一句諺語所說：Nothing succeeds like success（成功可以複製成功）。所以，TM 最重要的意義是提供一次「突破自我」的自我認知。

勇氣讓你跨出行動的第一步，嘗試多了，你的知識水準也會上一個臺階，水準上去了，自信心也就跟著上來了。這就是一個可以自我強化的正回饋迴圈。

我自己學英語時就經歷過這樣的甜蜜循環。

記得我第一次學英語是小學四年級，因為一個偶然的原因，我在課堂測試前將所有的單詞都背了一遍，結果在第二天的課堂上，正好碰上老師的隨機抽問，老師每說一個中文詞，我們能說出並拼對單詞的就可以舉手回答。結果，我做了一個勇敢的決定，我把手舉在那一直不放下，老師剛問完第一個詞，第二個詞還沒有開問，我的手就舉在那兒了。

這時，老師不再發問，轉而指著我的手對全班同學說道：「你們都要以他為榜樣。」老師不經意的這句話，可以說深刻地影響著我的一生。以後每次英語課來臨，為了保證「標杆常立」，我會付出比一般人多得多的時間來複習與預習。因為我準備得充分，每次考試都得滿分；因為總考滿分，老師總是誇我；因為被誇，又會特別興奮的去加碼學習。

這樣一個節奏從小學一路帶到中學，到了高中，我那個從俄語轉學英語的英文老師對自己的口音不太自信，每次念課文都會找一個學生領讀。見我念得好，就把領讀的事全部交給我了。不經意間，我念出了語感，畢業考英文滿分的成績，讓我

大學選專業時毫不猶豫地選了科技英語。要不是有學英語的功底，我也未必抓得住外企在中國大發展的機會。

我分享這個故事，是想告訴大家「勇氣→內容→信心」的3C循環效應會是如此的強大，強大到改變一個人的專業選擇與職業方向。這個3C迴圈中，最重要的是第一個C，Courage，勇氣，這也是TM最強調的地方。

TM的活動會讓大家做各種表演，唱歌、跳舞、演舞臺劇。演舞臺劇的時候，還一定要讓你大聲說出臺詞，在這一系列「出格」的表演中，無形中培養著一個人的勇氣。

勇氣不只是學外語時才顯得重要，我在上領導力的課時，常用的一個VICE模型，其中的C也是指Courage，勇氣。

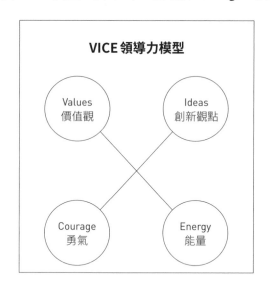

據我在不同國家的工作生活經歷，在上述四要素中，我們很多人最缺的是勇氣。最常見的一個例子是培訓課上，學員都

是縮在後面，組織者要不鼓動，前排一般都是空著的。員工有不專業的表現時，做主管的也不敢嚴厲糾正，怕傷了和氣。表現在肢體語言上，主管都不願意盯著犯錯誤的員工的眼睛看。至於參加一些跨國交流會，即使技術與專業上很精通，也會選擇不發聲，因為沒有勇氣承擔「英語表達不流暢」的尷尬。

職位越高，責任越大，做領導的越要有勇氣去做決策，去擔當決策的相應後果。無論是外企、國企還是民企，我看到太多領導崗位上的人，沒有表現出一個領導應有的勇氣。比如下面的場景，勇氣的缺位對於組織是災難性的。

- 對強勢的客戶不敢交換意見→長期的微利經營
- 對有重大風險的方案不敢質疑→企業在經營中會突然暴雷
- 金額大的投資不敢拍板→延誤戰機，被競爭對手超越
- 對陌生的領域不敢涉足→企業以溫水煮青蛙的方式失去競爭力
- 下屬的利益不敢向更高一級組織爭取→表現好的員工會選擇離開 TM 之所以在外企流行，從「存在即合理」的邏輯看，TM 通過勇氣與自信等性格層面的打造，培養著潛力員工的領導力。

一個願意分配資源常年堅持做 TM 的公司，是一個有眼光的公司。而選擇加入這類公司的你，也是一個有眼光的員工。

49 幫你為大場面準備的 3R 模型

上一篇關於頭馬的文章發表後，有讀者留言：「我不在外企，也沒有參加頭馬的機會，如何培養自己應對大場面的能力呢？」大場面，言外之意一定是重要場合，比如下面的生活場景：

- 進入到一個重要崗位的最後一輪面試
- 面對眾多觀眾的大型演講
- 為公司爭取投資的路演展示
- 難得的公司董事會上做述職報告
- 向主管機構做重要辯訴

這樣的場面，我們未必經常碰到，但若是偶爾碰上一回，如果沒有做好準備，那會留下永遠的痛。

那如何預備呢？在此，我分享以前在頭馬與英語角帶領大家操練的一個 3R 模型：

結合上次文章中的 3C（Courage、Content、Confidence）模型（勇氣、內容、信心），對應的 3R 分別為 Rehearse（演

練）、Recite（背誦）和 Refresh（喚醒）。

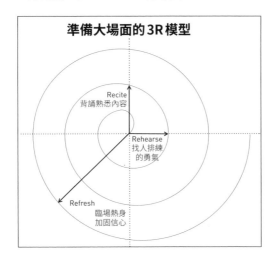

準備大場面的 3R 模型

Recite
背誦熟悉內容

Rehearse
找人排練
的勇氣

Refresh
臨場熱身
加固信心

1.Rehearse，演練。 它對應的 C 是 Courage，勇氣。最好的準備是演練，找伴侶、閨密或同事來一個模擬演練。演練不只是內容上的呈現，還有呈現的各種方式，比如語速聲調、肢體語言以及手持的鐳射筆等道具的使用。

我第一次參加所謂的大場面活動，是代表西安交大去西安外院（即現在的西安外國語大學）參加西安高校的英語演講比賽。為了賽出水準，我們系裡特意請了外教作為排練輔導，當時外教老師的那句點評，我至今記憶猶新：你上臺的時候不能低著頭走，如果我是評委，我就會覺得你沒有信心。

我們的很多動作都是無意識中養成的，比如站立的時候腰背是否挺直，說話的時候眼睛是否總是盯著一個地方看，甚至還有一些抓頭髮、插褲兜這類的個人特徵動作。不專業的都是自然的，專業的都是反自然的。從不專業到專業，你需要一面

鏡子，一個演練的回饋就是用來幫你糾正不規範的動作與表現的。很多人覺得排練有點不好意思，所以，我將這個R對應了Courage這個C，你得有勇氣找人練。

2. Recite，背誦。這是一項苦功夫，把演講稿背熟，對應的C是Content，內容了然於心之後，你就可以自如地發揮了。羅振宇常常要以封閉訓練的方式準備其跨年演講。四個小時的演講內容，你不背是不行的，只有爛熟於心，才能分出精力照顧肢體語言，調動現場情緒。

上周，在家裡帶兒子看了一部攀岩的紀錄片，著名的攀岩家艾利克斯在沒有任何安全保護的情況下徒手爬上了高達九百多米的優美勝地酋長岩。

艾利克斯接受採訪時說道，這塊巨岩他已經爬過六十多遍了，對於每一處有挑戰的地方，倒銳角的岩壁，無抓手的石縫，他都了然於心。你也可以說，他把整個巨岩給「背」了下來。

我們要面對的場面沒有那麼大，準備的投入度也沒必要多麼高，但原理是相通的，你要在臺上做到鎮定自若，就一定要充分熟悉內容，熟悉到什麼程度呢？說完一句，下一句話會自動「推送」到你嘴邊。如果這是一場十選一的角逐，那麼勝出者基本上就是那個在內容上準備得最充分的了。

3.Refresh，喚醒。你練得再好，背得再熟，那都是在舞臺下，來到真的舞臺上，走進面試室，你會發現，一切都很陌生。這時，你需要重啟。練習的時候，我們的身體與心智達到火熱的狀態，但練習結束了，停了一段時間後我們的狀態會

「冷卻」下來的。這個時候，你需要一個熱身來喚醒自己。

短跑運動員在決賽前的半個小時，一定都是在跑圈熱身，將「冷」的身體徹底預熱，讓身體的每個環節進入臨戰狀態，以確保用最好的狀態完成那 10 秒的短暫衝刺。

我的做法是，在關鍵的面試、重要的董事會發言前，找個沒人的地方，用正常的演講速度讀一讀稿子，特別是開場一分鐘的那段，要試講個一兩遍，以確保開場的時候馬上進入狀態。開場的一分鐘，對於聽眾是最關鍵的，對於自己更是如此。一旦順利啟動，後面就會自然發揮了。物理學裡的靜摩擦力總是大於滑動時的摩擦力，萬事開頭難，所以，正式開始前的熱身很重要。下次你不妨試試，上臺前預熱個幾分鐘，走上臺的感覺肯定不一樣。

攀岩是很專業的事，一步沒踩穩，就再也沒有以後了。面對上百萬聽眾的跨年演講也是很專業的事，演砸了會砸招牌的。而迎接重大面試對我們而言更是一件很專業的事，準備得不好，千載難逢的機會就會從你身邊溜走。

Rehearse、Recite、Refresh，從找人陪練的勇氣，到精益求精的內容準備，再到臨場的信心鞏固，這一系列的專業套路可以幫你為大場面做最好的準備。

50 沒有CEO，如何玩轉公司日常運作

　　一個朋友跟我說起了一門課，或者說是未來組織的一種新形態：以使命驅動的賦能型組織。這門課的名字叫「合弄制」，這樣的組織叫「青色組織」。

　　帶著好奇，昨天我踏進了培訓課所在的蘇州星辰商務的辦公樓，這個位於蘇州工業園CBD的以Airbnb（愛彼迎）方式經營的辦公樓，無論是外景，還是內部格局，都給人一種清新好奇的探索欲。

　　感謝善於控場的劉欣老師的能量帶動，也感謝博學多聞的

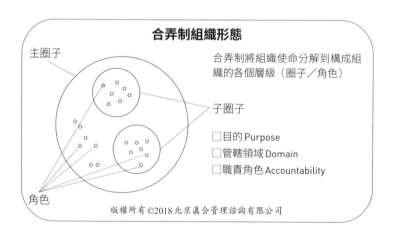

合弄制組織形態

主圈子

合弄制將組織使命分解到構成組織的各個層級（圈子／角色）

子圈子

☐ 目的 Purpose
☐ 管轄領域 Domain
☐ 職責角色 Accountability

角色

版權所有 ©2018 北京真合管理諮詢有限公司

何義情老師的精彩講解，大家一直熱烈討論到晚上七點，還是意猶未盡。看來，這個「合弄制」，至少把我們這群素不相識的體驗者很好地「弄到一塊」了。

「合弄制」的英文 Holacracy，是一種極具未來感的顛覆性組織形態。

與傳統的「以人為本」的組織不同，「合弄制」是以任務為導向組織起來的一個生態圈。

企業的日常運轉，其實就一項內容：Get Things Done（把事情搞定）。「合弄制」的先鋒代表人物 David Allen 就創建了用「Get Things Done」的縮寫 GTD 命名的運作流程。

我試著用下面這張圖把「合弄制」的運作機制講清楚。

因為變化的環境或新的工作要求，會生成一個個具象化的

「組織的搞定」GTD, Get Things Done

業務運營

明確的工作項目&行動

戰術會議
驅動行動協調

變化的環境

工作

機遇

搞定業務 → 感知「張力」 → 組織使命

增強組織的能力

驅動意見整合
治理會議

提升清晰度
增強張力感知

清晰的結構
分布式自主權

組織治理

課題：搞定業務。這一個個課題最終都有與組織使命相連接的訴求，對於不同的角色，會產生各種不同的張力（Tension，每個角色感受到的現實與理想的差距），比如資訊不同步、支援不給力、職責不清晰，諸如此類。

「合弄制」有兩套機制來解決這些張力，上面一層屬於「業務運營」範疇，即張力訴求有明確定義的角色負責，生成相應的行動或專案也交由負責的角色落實，這個過程是通過「戰術會議」來完成的。

如果涉及的問題沒有事先定義的角色來承擔，就放入需要另行召開的「組織治理」會議中討論。「組織治理」會議專門解決角色權力的分配問題，比如是否需要新增一個「角色」來解決某個問題，有沒有必要起草一個新的操作規程來界定「角色」之間的分工。

有角色，就執行；沒角色，就定義。「戰術會議」與「組織治理」這兩層會議機制撐起了「合弄制」的事務運作流程。後者是對前者的補充，循環往復，讓企業不斷進化完善。

這套機制有兩個核心理念，角色（Role）與規則（Rule）。

公司所有的事務都以Role來展開，沒有Role的，就通過「治理會議」創造一個，一人可以身兼好幾個Role，臨時性的短期「角色」，也會隨著任務的結束而消除，充分體現了敏捷型組織的彈性與應變力。

公司的業務都以職責透明的角色來展開。因為消除了上下級彙報關係，也不存在一個總負責的CEO，所以，每個角色都被充分賦能。我們的體驗課安排了一個模擬培訓公司的情景

劇，我抽到了「客戶服務」的角色，作為「客戶服務」，角色給了我充分的授權職責：我可以不必請示，在服務客戶的現場自行決定「是否要給客戶免費帶一個人旁聽」的優惠。

這套「角色驅動」的機制背後有這樣一個基本假設：在知識時代，一線作業的員工比上層管理者更有解決問題所需的技能，用任正非的話講，是讓聽得見炮聲的人來決策。

曾經擔任美軍特種作戰司令部指揮官的斯坦利‧麥克裡斯特爾自己成功創業之後，寫了一本商業暢銷書——《賦能》，這本書中講到的公司治理，取材於反恐戰場上的失敗教訓，後來將金字塔層的僵化彙報體制改成了有自主權的小團隊，讓他們根據敵情的變化現場自行決策，最後，對基地組織迅速完成了毀滅性的打擊。

如果說對 Role 的賦能是為了充分挖掘員工潛力的上限，那麼 Rule 後面的組織章程則構成了制衡的底線。合弄制也有一個協調角色間工作的「主連結者」，形式上與 CEO 有點相似，但他的權利卻是被公司章程嚴格限制的。

所謂治理機制，就是回答這樣一個基本問題：誰有權利決定什麼樣的事？在合弄制裡，有「角色」定義了的事，就由該角色全權負責。旁人只能提建議，但採納與否，由負責的角色自行決定。

我們在做角色表演的過程中，針對「行銷」的角色提出了「要在現行企業用戶的基礎上增加個人業務」的提議，而負責課件開發的「培訓設計」角色就以「個人業務難度太大」的顧慮提出反對，結果被會議主持人依照組織章程中「有效反對」與

「無效反對」的要素給否定了。因為他的反對意見只是表達了他的顧慮，該提案並不會帶來組織能力的削弱，所以反對無效。

通過這個事例，我的一點深刻體會就是：合弄制把「人治」過渡成了「法治」。所謂的主連結者，或者會議主持人，不得以「內容專家」自居，更無權引用個人經驗與資歷對所提的議案贊同或否決。這有點像美國法庭中的法官，他只能按照庭議章程做出「反對無效」與「反對有效」的判定，但最後的判決不在他手中。

企業裡最難搞的，說到底就是「人」的事，因為每一個人，每天走進辦公室的時候，都是自帶節奏的。這套淡化「人治」的合弄制，我個人總結了以下三條好處，分別對應人性中的「貪」、「嗔」、「癡」。

人性表演	本質	變現形式	具體案例	合同制是怎麼「弄」的
Jealousy，嫉妒	貪	爭寵	有功之事，第一個去報告	CEO 都沒了，你向誰報告
Pride，驕傲	嗔	擺資格	我在上家公司管客服時，我是……	下次，你可以申請當客服
Ego，自我	痴	存在感	我是法務，對外郵件都得抄送我	不抄送你，能出什麼問題嗎？

職場上，特別是大公司，每個人都在做兩項工作，一項是解決角色項下的具體問題；另一項工作則是在表演，在演「他人認為這個角色該有的表現」。

我在西門子中國工廠作財務總監時，特別討厭總部的人來視察工作。因為他們整個都在演，在演給他的上級與同行看。

「合弄制」的作用，就是去偽存真，最大化地去除這類「表演性」工作。

　　當然，要實施這套機制，CEO先要想明白一件事：我也沒得演了，我不能成為會議中口若懸河的那個人了。還有，更重要的是要把自己的權利關進籠子：一線員工在現場做的決定，我也許沒有任何知情權；與大客戶簽訂的合同，審核流程也不會走到我這裡讓我審批了。

　　在充分授權賦能給每個角色之後，CEO確實可以去海邊釣魚了。讓出權利，獲得自由。這，也許就是未來商業世界流行的「權力遊戲」。

　　你是否已經準備好了擁抱未來賦能的青色組織？

51 未來屬於「叛逆者」

本節是我在哈佛商學院上的短訓課的一篇整理筆記。我的這個筆記裡不僅有老師講的精髓，還有同學的點評，這些精英級同學的點評尤其精彩。

「叛逆人才」這一課是由英語讓人聽得最費勁的義大利裔教授吉諾上的。

說到叛逆者，我們想到的都是不按常理出牌、不靠譜、不著邊際的混亂創造者。美國猶太人社團領袖美辛格（Ruth Messinger）對叛逆者作了這樣的描述：It's not rebels that make

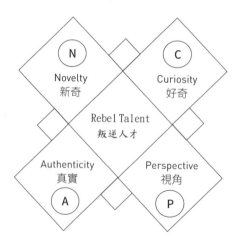

trouble，but trouble that makes rebels（叛逆者不是混亂的製造者，反倒是混亂成就了叛逆者）。他認為叛逆者是管理混亂的創新人才。終於，有人為叛逆者正名了。

吉諾教授在課上給我們重點講了叛逆人才的四個方面：（模型根據哈佛商學院吉諾教授的課堂內容改編，原書上還有一個D，Diversity，即差異）

1. Novelty，新奇：就像大自然厭惡真空一樣，叛逆型人才厭惡死氣沉沉、一成不變的生活。作為叛逆人才的研究者，吉諾教授也是親身實踐者。在一次給她的工程師丈夫送生日禮物時，她破例沒有給他送高科技電子產品，而是在一個禮盒中放入一張課程券，之後他們夫妻倆一起參加一個叫作Improv的即興表演課程。

吉諾教授也讓我們當眾體會了一下即興表演課程的表演節目。我們站立起來，兩兩相對，對視20秒，從一開始的不適到第二輪的坦然，這種全新的體驗，很好地提升了學習效果。新奇還是提升幸福的「興奮劑」，特別是夫妻一起參加的探索，有利於重新激發生活激情。

聽到這裡，我想起了領導力培訓課程中帶領學員做的「領導力商數」測試，其中有一個類似的命題：一組研發團隊的成員，待在一起的時間不宜超過三年，太過平淡的工作氛圍，會抑制創新。

美國劇作家雷蒙・錢德勒說過這樣一句趣言：第一次吻是神奇，第二次吻是親密，第三次吻是例行公事。

學員分享：我在課堂上分享了自己創建學習型組織的經歷，為了給單調的財務工作注入活力，我讓每個員工在書寫錯誤歸集手冊時，將犯錯人的名字寫成他們討厭的明星，從而以一種去人格化的方式強調對錯誤本身的覆盤與預防。大家聽我分享後，都覺得這種替換人名的做法很新奇。

2. Curiousity，好奇：吉諾教授給我們畫了一條人生的好奇曲線：

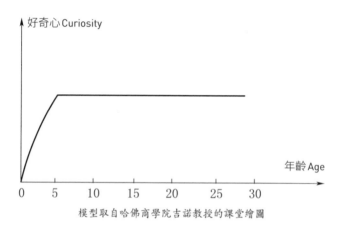

模型取自哈佛商學院吉諾教授的課堂繪圖

一個人在5歲時好奇心達到頂峰，之後就不再增長了。結合我們討論的一個獵頭公司為一家銀行獵聘CEO的案例，吉諾教授讓我們設計一組問題，在面試中測出對方的好奇心。我們鄰座的四個同學經過討論列出了以下的三個問題：

① 請說出過去一年你生活中的某項全新的嘗試。

② 對行業中的某項革命性的變化（比如比特幣），你怎麼看？

③ 如果你不是現在的銀行家，你會做什麼？

學員分享：我們同學中正好有一個世界五大獵頭公司的高管，他在茶歇時給我們畫了這樣一個模型圖（下圖）：這是獵頭公司在面試候選人常用的提問題模型，越是高階的職位，他們會越關注那個 Why？為什麼是你在這個項目中會想到這個方案？他們想挖掘的是心智層面的東西，比如，因為我的快速成長曾受到一位導師的點撥，所以我覺得去成就他人是一件特別有價值的事情，我用打造學習型組織的方式來提升組織凝聚力。用人單位對高管候選人問的一些 Why 層面的探究性問題，就是一種心智層面的好奇，設法了解候選人內在一致性的驅動品質，相信候選人人格

模型取自於與海德思哲同學劉青的茶歇討論分享

內核的優點能說明組織複製他以前的成功。

好奇心是創新的原動力。工作中的職責說明與部門分工會逐漸磨滅一個人的好奇心。一個卓越的領導必須不斷激發個人與組織的好奇心，從習以為常的流程中找到突破點。

3. Authenticity，真實：我在學領導力課時，曾對一組能力要素進行排序，讓我意外的是講師的點評中，居然把「面對真相的勇氣」放在前三位。如果組織記憶體在一種漠視真相的文化，這對組織的生存與發展是致命的，而叛逆型人才敢於說出不討喜的真相的特質，可以成為企業避開重大風險的有益補充。

吉諾教授為我們放了一個短影片，是2003年一場NBA常規賽的開場儀式，開場前一個13歲的女孩由於緊張，在唱國歌時突然忘詞了，這時開拓者隊的教練奇克斯（Maurice Cheeks）走到她背後，帶著她一起唱了下去。

奇克斯的歌唱得很一般，小女孩也當眾出了洋相，但這種真實的暴露，反而帶來了心理學上稱作「出醜效應」的正向結果，雙方隊員反而會心一笑，一起認真地唱了起來，全場觀眾也跟著一起高歌，頓時球場成了歡樂的海洋。一個錯誤引出一段溫情佳話，本來一場普通比賽的例行儀式，竟成了第二天電臺報紙的頭條新聞。

亞歷山大說過這樣一句名言：To err is human（是人就會犯錯的）。

暴露問題，展現出自己的軟弱，反而是凝聚團隊的快捷方法，特別是創新人才，心氣都很高傲，在別人面前暴露弱點，反而可以放下自我，各自找到自己的定位後快速磨合。

學員分享：我們在共進晚餐時，組長提議每個人講一個不為人知的故事。一個來自上海的同學，一個成功的創業企業家，居然分享了他20歲時因為家裡來了陌生人就趴到床底下的糗事。但在他兒子出生的那一刻，「要為兒子的成長做個好榜樣」的念頭油然而生，於是他有了脫胎換骨的變化。他要不說，我們是無論如何也聯想不到這兩天在課堂上積極舉手發言的人，居然還有這樣的經歷。展示分享這樣的弱點，一下子拉近了關係，提升了信任度。

4. Perspective，視角：用一個全新的視角看問題，是叛逆者的「特異功能」。

所謂叛逆，就是你能以常人不易察覺的視角看到問題的真相和本質。

學員分享：一個來自迪士尼的高管與大家分享了迪士尼激發員工創新的做法：將答案拿走。通過一些虛構的問題，切換一個視角來激發創新服務與體驗。

① 如果我們的迪士尼卡通人物不能使用了，該怎麼

辦？

② 如果遊客不能用眼睛看，如何通過其他觸覺提升
體驗？

③ 如果這個主題公園不是建在這裡，還能建在哪裡？

這些問題夠顛覆、夠叛逆的，像創新觸覺的體驗就是從這些虛構的視角激發出來的。

最後，分享一條經典的總結（這是課後總結時，我在老師贈送的書裡讀到的）：未來是屬於叛逆者的，而你我每一個人的身體裡都有叛逆元素。

第 **5** 章

合作之道

52 「你的判斷句」與「我的疑問句」

　　職場上的同事合作，很多問題出在溝通上，而溝通背後卻是一種思維方式。這樣講比較抽象，就從一個常見的口頭禪說起，「你」字開頭的，一種評判對方的口頭禪，最典型的一句莫過於「你錯了」。

　　「你錯了」，有不少衍生版本，豐富一點的，加上場景和內容，比如「你的方法錯了」、「你的計算錯了」等。或者簡單粗暴地就一個字：錯。

　　這種「你」字開頭的判斷句一說出來，就是劈頭蓋臉給對方下了判書。對於聽者而言，當聽到諸如「你的方法錯了」之後的第一反應就是心中的不悅，然後就是自我辯護，甚至回應一句「你的方法才有問題」之類的反擊。

　　這種「你的判斷句」帶來的不是有建設性的議題討論，更多是一種被感知到的羞辱；甚至人身攻擊。即使輕一點的自我辯護也只是原地踏步，對於事情的推進沒有一點好處。

　　那該怎麼說呢？我覺得換成一種「我」開頭的疑問句比較有迴旋餘地。大家不妨自己做個測試，將「你的方法錯了」改成「我」開頭的疑問句，該怎麼說？

我在溝通培訓中，得到過很多有趣的回答，整理成下面的一張表。

「我」的疑問句徵集選例	對方可能的回應
我覺得你的方法還不夠好，你覺得呢？	我沒覺得不好。
我可以改一下你的方法嗎？	為什麼？有必要嗎？
我覺得還有更好的方法。	更好？你是在說你比我強？
我覺得你的方法可能不對。	你的才不對。

凡此種種，變著法地說人家不行，這樣的交流一定行不通。我推薦一個說法，供大家參考。

我有點看不懂你的方法？

強調自己看不懂，就把一個客體判斷變成了一種主觀感受。「我看不懂」與「你錯了」，這可是有著天壤之別的潛在假設的。

站在聽者的角度，你看不懂，首先這不是我的問題。好吧，我再講一遍給你聽。講著講著，咦……發現自己錯了，然後說一聲：「對不起，我這方法還真有問題呢。」注意，有問題的話得由自己說，由別人指出，除非情感帳戶很深的好友，否則會很不舒服的，這是人性的普遍弱點。

還有一種可能，對方確實沒錯，再說一遍，無非是將正確的方法再演繹一遍給你聽而已。這個時候，你更該慶幸自己說了「我有點看不懂你的方法」這樣的疑問句，讓自己進退有度。幸虧沒有武斷地評判對方，不然，此刻就要被打臉了。

從「你的判斷句」到「我的疑問句」，別小看這句式的小小變化，背後有很深的做人道理，我稱之為「謙卑」。我每次在溝通培訓課上，當落腳在「謙卑」這一點上時，很多人不太理解，這與謙卑有什麼關係？

我說的謙卑，不是敬酒時將杯子端得比別人低的那種禮儀式謙卑（甚至競相比低，兩個人都屈膝彎腰地去碰杯），而是一種心態，一種時時刻刻警醒的心態。我掌握的資訊有可能不夠全，所以說話要留有餘地，不要武斷評判，把話給說死了。

明白了這個道理，大家不妨再做一做以下的練習，將下面一組「你的判斷句」改成「我的疑問句」。

你的湯做得太鹹了！
你一直不回我電話！
老闆，你不公平！
你們製造的眼鏡是歪的！

答案不想劇透的，先自己想一想，再往下看。
下面說說我的推薦說法，僅供參考。

原來句型	推薦說法
你的湯做得太鹹了！	我今天好像口感不太對，感覺吃著有點鹹。
你一直不回我電話！	我好像沒有接到你的回電。
老闆，你不公平！	我最近感到有點委屈。
你們製造的眼鏡是歪的！	我的鼻梁可能天生有點歪。

右邊的說法，都是強調自己的感覺。這裡特別推薦一條與上司溝通的妙法：強調自己的感受，因為你的感受是別人無法否定的。一個成熟的人（上司大多在這個範疇裡）不會否定，只會認可他人的感受。你受委屈了，很遺憾，那說來聽聽吧。

即使最後談到的是上司自己的處理方法問題，上司也不會自我辯解，只會為下屬疏導，但這一過程已經達到了讓上司知道「他的處理方法帶來某種後果」的目的。

上面有關配眼鏡的例子，我這樣說是否誇張了點？以上案例是我「編（編輯）」的，但不是我「編（編撰）」的。這一條是我的親身經歷，左邊那句「你們製造的眼鏡是歪的」是我說的。但話一出口，面對一屋子的顧客，老闆差點把我轟出去：「我們一天賣幾百副眼鏡，從沒有人說歪的，要麼是你的鼻子歪了。」

直到三年後，年底例行體檢的時候，五官科的醫生在探測我是否有鼻竇炎時，不經意地冒了這樣一句：「你的鼻梁兩邊不一樣齊。」啊哈，問題原來在這裡。

我的鼻梁是歪的？這有點好笑，但仔細一想，這也沒什麼。我有一個學解剖的醫生朋友曾跟我說過這樣一句話：這世界上找不到一個標準人。

這世界上到處是右手比左手長1釐米、左腳比右腳大半號的人，這不是問題，真正的問題是，我們將不標準的自己做成了一把尺去衡量別人，稍有不慎，就說出了這樣一句口頭禪：你錯了！

53 出來混，總是要看別人的臉色的

本周的管理層晨會上聽到了總經理的一句話：「掙錢與省錢，就是一個臉色與角色的問題。」總經理進一步解釋道：「我們每掙一分錢，都要看客戶的臉色；而我們每省一分錢，只要每個人演好自己的角色就可以了。」這段話是公司新一輪成本嚴控（Austerity Program）項目的基調。

臉色與角色，很有意思的提法，但我想到的是另一個層面的關聯：一個人若演不好自己的角色，那就只能等著看別人的臉色了。

引發這番聯想的緣由是最近部門裡碰到了一個「問題員工」，我取個化名就叫辛蒂吧。辛蒂是從其他部門轉來做財務核算的，看學歷，她讀得還是不錯的大學，面試了一下，感覺人很文靜，做事挺仔細的。可這一個月做下來，立馬有「退貨」的想法了。這一個月裡，看到了辛蒂的種種角色問題。

帶她去海外交接新的工作，居然從不動筆做記錄，這一路的機票、酒店費用打了水漂；人家在教她操作的

時候，只要一有訊息進來，馬上扭頭去翻看手機；系統提示發票還有三天要過期，提示一周了，自己解決不了也不拿出來討論……這麼一堆問題，主管指正時臉色自然很難看了，她還居然感到受傷害了。

辛蒂這樣的高學歷、低能力員工，在新一代大學生身上絕非個案。我就想到了小時候成長過程中的教育問題，特別是家庭教育。

家庭是培養「臉色與角色」意識的最好場景。如果小時候父母在孩子的「角色」問題上能及時給予「臉色」提示，孩子的壞行為、壞習慣就會得到控制回饋。

列舉一些家庭教育環境中常見的「角色與臉色」問題。

衛生紙用完了不續上，你的「用戶角色」沒演好。在家裡，父母只是勒令你多走幾步路到儲物間取衛生紙給續上。但到了公共場合，人家落位坐定才發現不妙時，你人還沒走遠，人家就會大聲甩你臉色：「誰這麼缺德！」

洗一個澡，半小時都不夠用，你的「成員角色」沒演好。在家裡，父母只是告訴你別浪費水。但工作後與人合租共用洗手間時，人家憋得不停地在客廳小跑，在你開門出來的一刻，人家就會給你看臉色：「洗這麼久，身上長蝨子啦！」

洗碗的時候，只洗碗筷，沒擦灶台，你的「租客角

色」沒演好。在家裡，父母只是善意地提醒。但某一天，你出國了，租了房東的房子，留下油膩的灶台。房東一邊清洗，一邊會甩話給你。這時，你丟的可能不只是自己的臉。

在家裡，你的這些「角色」沒有做好，父母再怎麼批評，都是以愛護的角度出發。但走上社會，當你從一個家庭人變成一個社會人時，你若指望他人像父母一樣和風細雨般的善意提醒，那就是奢望了。

我對兩個兒子的忠告都是這一句話：與其將來走上社會看別人的臉色，不如現在就接受父母的臉色，提前做好自我修正。

有一個心理學名詞，叫作社會鏡像（Social Mirror）。

我們並不總是明白自己的行為是否妥當，要靠社會這面鏡子給予回饋。比如，你看見美女就誇她漂亮，而社會這面鏡子可能會給你這樣的回饋：你太大膽了，人家會無所適從的。於是，下次再看到陌生美女，你會斂而不發。

我們的各種社會角色，靠的就是 Social Mirror 這樣的「臉色」回饋得以不斷修正、不斷完善的。一個讀不懂他人臉色的人，「臉商」太低，很難有什麼進步。一個甚至不屑去閱讀他人臉色的人，那他只有一個角色可以扮演：回到家裡，做回他的「小霸王」。

出來混，總是要看他人臉色的。要想少看臉色，最好做好自己的角色。直到有一天，你的角色發生了徹底的改變，你成了那個給人看臉色的人。

54 需求與給予清單，解決爭議的好工具

上周我親自主持了一個跨部門的工作坊，幫總經理處理一個公司由來已久的痛點問題：生產部與品質部如何通力合作提升產品成品率？

品質部作為公司內部的客戶代表，常常被生產部與工藝部誤解為胳膊朝外拐的「外人」，凡事站在外部客戶的角度。而生產部與工藝部又常常在品質部眼裡是屢教不改，得過且過，缺乏品質管理意識。其實這類部門的對立問題很多公司都有，有分工就有管控上的側重之分，是重產量還是重品質？角色不同，立場自然也不同。

如何處理這類共性衝突問題呢？我想到了學習授證引導師時學過的一個工具：需求與給予清單（Needs & Offers List，簡稱N&O工具）。這個方法特別適用於立場對立、有明顯分歧的場合。下面就來說說具體怎麼做。

1. 先發散：讓兩個有矛盾的部門分成甲乙兩組各自展開頭腦風暴，在掛板上列舉他們希望對方改進的地方，即列出一份需求清單。有機會寫出對爭議方的需求，兩個小組都有一吐為快的舒暢感。由於兩個小組都列了十幾項，從務實的角度，我

讓他們又按重要性精選了五個需求。

2.後澄清：甲乙兩組各自派代表向對方說明列舉的需求以及背後的原因。比如品質部希望生產部在填寫8D報告（品質分析報告）時能認真總結核心原因，而不是隨便一寫敷衍了事，因為這個8D報告是要呈交給客戶看的。甲組講完，乙組也同樣講述他們對甲組的訴求。

作為主持人，我特別留意的一點是，一方在講述時，另一方只能作澄清性的提問，不可以解釋，更不能進行攻擊反駁。這裡面其實隱藏著一條人性規律：當雙方都能認真傾聽對方時，傾聽本身就是一種情感上的良性互動。認真傾聽不僅能贏

- 成立團隊（Team Formation）　1D
- 描述問題（Problem Description）　2D
- 短期方案（Interim Containment Actions）　3D
- 根因方析（Root Cause Analysis）　4D
- 改進措施（Corrective Actions）　5D
- 方案驗證（Validate Corrective Actions）　6D
- 預防措施（Identify & Implement Preventive Actions）　7D
- 貢獻認可（Team & Individua Rlecognition）　8D

8D報告

得尊重，更表達了一種解決問題的誠意。

3.再給予： 在充分了解對方列出的各個需求之後，甲乙兩組交換掛板，在對方的需求清單上寫出自己的給予承諾（為方便書寫，我事先用不同顏色的筆寫了「N」與「O」交替呈現的格式）。在開始填寫前，我向他們說明了填寫給予承諾的ABCD法則。

A：Absolute，無條件支援（舉例，需要的10公斤大米，全給）

B：Bounded，在給定範圍內支援（舉例，需要的10公斤大米，只給5公斤）

C：Conditional，有條件支援（舉例，需要的10公斤大米可以給，但要提前一個月預約）

D：Decline，不支援（舉例，需要的10公斤大米，給不了）

甲乙兩組在各自組內認真討論後對每一項給予A、B、C、D中的某個承諾類型，然後各自向對方陳述，針對對方的每一個需求，給出的承諾是什麼，以及具體的理由是什麼。這個環節會進行得長一些。有些需求，很快達成了給予承諾，比如參加品質改善周會前做好相應的案情分析準備。還有不少需求，因為各種歷史原因，或者KPI考核上的不一致，會上會有激烈的爭辯。

遇到這種雙方各執一詞的場面，我往往會用這樣的提問

來提點他們：「你們覺得，這樣的問題我們總經理會怎麼處理？」兩個爭議的部門往往會局限於各自的狹小利益而看不到整體效果，用「老闆會怎麼想」來引導思考，不是拍馬屁，而是培養一種企業家精神（Entrepreneur Spirit）的大局觀。比如生產部檢測只需要購買兩萬元的治具，而留到品質部做成品檢測需要增加十個目檢工人，答案不言自明。

　　三個小時跨部門的工作坊，雖然歷史問題一大堆，但幾個最頭痛的問題，大家達成了共識，往前走了一大步。能取得這樣的成果，這個需求與給予清單功不可沒。

　　這份需求與給予清單給了雙方一個互相提要求的機會，提要求本身就是往前推進的重要一步，因為讓對方提要求代表著一種尊重。而且彼此都要為對方作出承諾的遊戲規則，將爭議從抱怨轉變成建議性行動方案。用行動來轉移情緒，以承諾來促進信任，這個需求與給予清單不失為解決矛盾的破冰範本，而且不只是工作上適用，家裡也可以使用。比如被婆媳矛盾搞得頭大的丈夫，不妨做一回主持，用需求與給予清單來梳理與改善爭議問題。

55 你會積極製造衝突嗎？

先從一個眞實的案例說起：

光輝電子最近開發了一些新的客戶，韋迪是新到任負責儲運部的經理。韋迪發現自己的員工每到下班時都要加班，一問才知道是趕著爲客戶打樣的樣品出貨，而且都是走更貴的空運。韋迪做了一番調查，發現了以下的問題：

1. 走空運是銷售部的指令，因爲已經拖延了交期。
2. 交期誤了，是因爲生產部並不是每天開機生產樣品的。
3. 生產部並非每天安排樣品生產，是因爲計畫部開單的系統裡找不到新客戶。
4. 新客戶在系統裡找不到，是因爲新客戶資料塡寫不齊全。

韋迪在做了以上一番調查後決定制止這類問題，就找

到了計畫部經理張龍。張龍的回應是：「怎麼到你這裡就有問題？你的前任可從來沒有提出過，他們每天加班出貨都沒意見。而且儲運部作為服務部門不應計較，應當以生產與銷售大局為重。」

韋迪進一步調查之後發現，他的前任阿龍是個老實人，什麼樣的要求都接受。有出現部門衝突的地方，自己部門能解決的都自己退一步。而且，以前也向計畫部與銷售部反映過，但他們都是口頭承諾，並沒有落實到改變行動之中。

韋迪認為，除了加班之外，讓公司為此多付空運運費，這在大局上一定是錯誤的。為引起各方重視，韋迪叫停了當日的發貨。於是，銷售部抱怨，計畫、生產部則各種辯解推託，一路吵到總經理那裡，總經理找到韋迪了解情況後說：「我們召集一個聯席會議來徹底解決這個問題吧。」

我想，上面這個案例大家在工作中經常遇到。在工序的前後道之間，第一道的錯誤沒有糾正，一道道往下傳，接盤的最後一道就成了倒楣蛋。如果這最後一道的負責人像阿龍那樣總是息事寧人，那麼問題永遠不會得到解決。

衝突的發生，並不是壞事。事實上各個職能部門在功能切割後各有各的工作側重點，沒有矛盾，永遠不起衝突，只能說明這個組織沒有一個認真的人。

根據衝突的頻度與程度，有這樣一個衝突類型的模型。

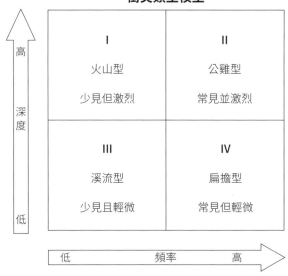

衝突類型模型

	I 火山型 少見但激烈	II 公雞型 常見並激烈
	III 溪流型 少見且輕微	IV 扁擔型 常見但輕微

（縱軸：深度　高→低；橫軸：頻率　低→高）

　　像第II象限（公雞型）太過頻繁且強度高的衝突，肯定會破壞關係，影響組織健康。但第III象限（溪流型）的衝突也不總是歲月靜好，也有可能是第II象限演化過來的，就像一對夫妻長期吵架，吵到後來沒有心力了，於是很多事情都裝著沒看見而已。

　　有意思的是第I和第IV象限。第I象限（火山型）的情形，很少爆發衝突，但爆發一次卻十分猛烈。當我們看到一個很少發飆的人突然發飆時，會讓周圍人十分驚訝。結果可能有兩種：一種可能是對方受到了警示的結果而有所改善，另一種可能是在雙方的關係中留下長久的陰影。除非兩人的基礎信任很好，否則一般不推薦用這一招。

　　第IV象限（扁擔型）經常有衝突對峙，但因為每次有問

題都及時端到桌面上來解決，所以不會有激烈的衝突發生。而且，提出問題，有意識地適度引爆，有助於最高管理層及時看到問題，並因此找到根源所在，從而給出一個長治久安的解決方法。

本案中的韋迪就是在積極「製造」衝突。試想一下，若沒有停止發貨，而是以息事寧人的方式掩蓋問題，總經理怎麼會知道每個月都在為這個錯誤而多付很多的加班費與運費？

規避問題，帶來的只是表面和諧。有些職能部門的負責人往往將自己的處理方式覆蓋成部門的態度，將不該本部門承擔的事務承接下來，這樣做不僅讓前端問題持續存在得不到解決，對自己部門的下屬也不負責。有能力的下屬，往往會因為跟著一個無能的上司做毫無意義的事情而選擇離開，這對組織又是一種損失。

積極地面對衝突，用建設性的方式去處理衝突，在自己看到問題的當口不掩蓋、不和稀泥，這是一種對組織負責的職業行為。一個從來沒有與其他同事紅過臉，為某件事認真較勁過的「老好人」，如果你是 CEO 或創始人，你還會覺得這樣的人是老好人嗎？

56 勇氣，可以讓你更專業

說到勇氣，很多人想到的畫面是一個管理幹部當機立斷，果斷拍板的畫面。其實，還有一種自下而上的勇氣，那就是做下屬的勇氣。還是先從案例說起。

A 公司是一家民營企業，創始人兼總經理老汪果敢潑辣，主意多，決策快，氣場足。

在公司考慮新建一個出口基地的專案上，他給了項目負責人小李這樣一個指示：「你去考察這三個內地城市，選一個勞動力成本有優勢的地方成為我們擴產的出口基地。」

小李在視察的過程中，發現其實老闆給的這三個城市，雖然生活成本比現在公司所在的省會城市要低，但是具體到勞動力成本，並不是這麼回事，因為這幾個城市雖然是三線城市，但因為整體工作機會不如省會城市，很多打工的年輕人，反正是遠離家鄉，就乾脆選個更有發展空間的大城市，所以這幾個城市的勞動力供給不足，用工成本反而比現在的城市高。

但是，在最終呈交給老闆的方案中，小李選了這三個城市中相對成本較低的一個城市，最後老闆就此決定去這個城市開設新廠。可是建廠投產幾個月以後，發現用工成本很高。老闆就責問小李這是怎麼回事，這時，小李才說出原委。老闆氣得手直發抖：「你，你，為什麼不早說？我又沒說非要在這三個城市裡三選一！」

這個讓人頭疼的案例癥結在哪裡？就是下屬的勇氣。下屬不敢將最負責任的，但又是表面上看來不符合上司心意的方案拿出來討論。這樣的案例，似乎在老闆強勢的企業每天發生，不管是民企、國企，還是外企。

我在職場上有一個深刻的體悟：很多能力上的不足，不是純粹能力的問題，而是品格要素出了問題。

就像本文的案例，表面上看是專案負責人小李缺乏「組織關鍵要素上呈管理層討論」的組織協調能力，實質上是勇氣問題。

很多所謂的專業人士（Professional），往往因為缺乏「勇氣」這一環，結果是很多專業意見憋在肚子裡都沒講出來，事情就過去了。所謂的「專業」水準就成了一朵浮雲，一直飄在無人知曉的空中，從未有落地實施的機會，那你有再多的專業知識，又有何用呢？

那這個案例中的小李該怎麼做呢？

小李應當有勇氣去澄清，了解上司的真正意圖。其實領導

也是人，領導的想法往往受自身經驗的局限而給出一葉障目式的指示。

這很正常，比如他圈選的三個城市只是他以前在某個講座中聽到了出口加工區如何如何快速回應客戶訂單交付，就獲得了一個固化的概念。這種受短暫資訊刺激產生的概念很有可能是偏見，或者，甚少在落實時需要與其他細節綜合平衡後再做決定。而這個工作就得由專業人士來做，創建一個對話機制來澄清概念與方案之間的模糊認識。

具體怎麼做？進一步澄清。領導講出來的某個指示其實只是一個具體的點。你要問清楚真正的目的與用意是什麼？這裡介紹一個私董會的常用技巧：探究。

探究是用提問的方式與對方一起重新理清思路。比如，可以問這樣的問題：

問題1：這個出口基地最重要的作用是什麼？

領導可能的回答是：開闢一個有成本競爭力的生產基地。

（點評：問一個根本性的問題可以幫你從整體上抓住要點）

問題2：如果不在出口加工區，但能達到同樣的報關速度，您會考慮嗎？

領導可能的回答是：當然可以了。

（點評：將領導強調的要點具體定位）

問題 3：除了快捷，還有什麼因素是您選址看重的？

領導可能的回答是：當然不只是速度，稅收、運費、政府補貼⋯⋯ 這些都得考慮。

（點評：這個問題可以徹底領會領導的真正思路）

問題 4：那我的理解是，我要做出一個集合上面多個要素的整體比較方案供您選擇，對吧？

領導可能的回答是：當然。

（點評：這個問題表面上是自己確認任務指令，實則是讓領導重新梳理思路）

問上面一堆問題的過程，就是將領導的真正意圖加以還原。

中國私董會鼻祖之一的蘭剛老師，曾這樣感悟道：大多數領導在經過細緻的發問思考環節後，最後形成的定見會修正他先前的問題表述。

做下屬的，如果只是按上司的表面意見（literal meaning）機械地遵行，很可能會做出吃力不討好的結果來，特別是在你做細節調查的過程中看到了問題之後，就更有必要展示你的勇氣去做進一步的澄明了。

作為一個專業人士，你得學會判斷。如果你覺得上司更在意他說的每句話，你寧可死守他的字面意思而置重大損失於不顧，依照這樣的判斷行事，那只能說明你還不夠專業。真要有這樣的領導，那你該另謀出路了。

一個真正的專業人士，能用專業的技巧（比如上面的探究

式發問）將決策者帶出以偏概全的思維誤區，能用尊重但又不放棄機會的精神幫助上下級一起走出「對人不對事」的陷阱。

而這些，最關鍵的第一步是勇氣，你得有勇氣去嘗試。

上司明確要的是B，但說出來的卻是A，你給了A，卻被罵不專業，這是不是在挖坑？領導才沒那麼多心思給下屬挖坑呢！更真實的情形是：下屬因為不敢直面陳述專業意見而把上司一起拉進了坑裡。

過去的十年，我一直在這類需要付諸勇氣的溝通中實踐，用尊重的方式直諫要害，形成了自己獨有的風格。

勇氣+體貼，這是職場人士的專業配置。對於總體上體貼有餘而勇氣不足的人，多一份勇氣，不僅可以讓你更專業，而且還是擺脫內卷、脫穎而出的絕佳機會。

57 如何操練整合能力

　　你是整合專家嗎？先做一下自我測評，看看在以下情景中自己是怎麼表現的？（最高分 5 分的「默認」是指你下意識的自然模式）

情　景	從不	偶爾	有時	經常	默認
1. 無論是同事聚餐，還是朋友聚會，點菜的那個人是你嗎？	1	2	3	4	5
2. 公司開會討論得七嘴八舌時，你是那個站出來維持秩序，說這番話的人嗎：大家靜一靜，我們能否一次只聽一個人講	1	2	3	4	5
3. 在匯總各部門資訊時，你發現不同的人給你的答案五花八門，你會做一個範本並給大家培訓以規範資訊嗎？	1	2	3	4	5
4. 看到同一職能部門中，不同地方的工作品質參差不齊(比如幾個廠區的倉庫)，你會組織一個會議讓做得好的單位做最佳實踐分享嗎？	1	2	3	4	5
5. 群裡有人發供需資訊時，你依稀記得自己有相關的匹配關係，你會找出來發起一個群聊讓他們認識嗎？	1	2	3	4	5

　　如果你的得分在 4 分以上，恭喜你，你就是整合型人才了。如果平均分低 2.5 分，可能你要想一個嚴肅的話題：十年以後，我的工作是否會被機器替代？

　　整合，本質上也是一種創新。創新並不總是創造增量，在

存量中整合出新的玩法，那也是創新。BAT[7]這三家巨頭，都不是相關技術的原創者，但他們與國內市場、與本土用戶整合之後，就玩出了不一樣的規模、不一樣的商業機會。

我覺得整合能帶來以下三方面的創新：

1. 新的認知：上面評測題中的第2題就是與觀點整合相關的。就像盲人摸象一樣，每個人都在強調他的視角下的事實，能把局部事實拼接成一個完整圖片的人，就是在創建新的認知。

比如最近我領導的一個專案中，作爲主持人的我聽到了有關市場、生產和供應鏈方面不同的資訊，當我把每個人的話用一句事實性描述寫下來時，大家形成了這樣的一個認知：市場上存在一種比我們公司的傳統理解更聰明的玩法。在這個更高的認知指導下，我們的業務模式與資源配置就有了全新的破局思路。

六西格瑪
DMAIC 項目環

Control 控制

Define 定義

Measure 量度

Analyze 分析

Improve 改善

7　BAT，B 指百度、A 指阿里巴巴、T 指騰訊，是中國三大網路公司百度公司（Baidu）、阿里巴巴集團（Alibaba）、騰訊公司（Tencent）首字母的縮寫。

2.新的方法：像評測題中的第3題與第4題，都是與新方法相關的。自己做一個範本出來，那是在創建一個新的標準，有了統一的標準，不僅可以減少溝通成本，還是一種減少誤差的系統性方法。

製造型企業全球流行的六西格瑪管理，解決的就是一個問題：減少偏差。別小看你做的事務性資訊收集工作，用整合的方法去做，你就是在實踐六西格瑪管理精髓。從分散到聚攏，從無序到有序，這也是創新。就本企業的具象問題找到一個落地的解決方法，這就是最扎實的創新。

3.新的機會：最後一道評測題，發起一個群聊，其實是在做創建平台的事。資訊與資源的對接，點對點太笨拙，有一個平台，效率就不一樣了。

過去的一年，我通過微信圈，不經意間為五個人找到了工作。而且，有兩個用人單位的甲方，我還根本沒見過面，反倒是做成之後向求職者打聽對方是怎麼樣的一個人，弱關係的強滲透，靠的就是平台上的資源整合。

未來社會，每個人都是資訊的輸入與輸出端，人人皆平台。區別只是平台的大小與品味，你能為自己和他人創造哪些新的機會，就看你的平台整合能力了。

世界萬象，分久必合。整合，從點的角度講，是在串聯底層的細節；從面的角度看，是在還原事物的本相；最後從立體的角度看，是在匯聚認知，拔高人類整體的智慧高度。

前面說了整合就是創新，後面說說如何通過整合來創新。先從整合的要素說起，兩個關鍵要素：閱讀局勢的能力與謀求

共贏的意識。

① **閱讀局勢的能力**：所謂整合，一定是面對多方的，你必須在短暫的討論中，讀懂各方的訴求。比如大家討論的焦點，是資源瓶頸嗎？大家在爭人手，是利益衝突嗎？不合理的 KPI 考核會惡化其中一方的績效考核，是否是考核機制出了問題？殘次產品沒有在第一時間被識別出來，是否問題出在執行紀律上？……，諸如此類。

無論是閱人還是識事，局勢的解讀必須精準到位。怎麼操練呢？簡單來說就是多做主持人。討論時，做那個拿起馬克筆走向畫板的人；吃飯時，做那個拿起功能表點餐的人。

② **謀求共贏的意識**：謀求共贏，需要一種共識思維，跳出現有格局，不糾纏於現狀，往前看，往大看。經常問一些開腦洞的問題：如果外部條件不受制約，你覺得有沒有讓雙方都滿意的方案？或者，你我雙方都在關心這些具體問題，你覺得老闆最關心的是什麼？

我有一個朋友在做產品線轉移的專案，對產量損失該掛靠在轉移方還是接受方大傷腦筋，經我「老闆最關心什麼」的問題一提點，他說他要打報告將這個產量損失劃到總部去。

上面的兩個關鍵要素，閱讀局勢，謀求共贏，似乎還只是

紙上談兵，操作性不夠。沒錯，有些要素表現出來的是能力問題，看上去很簡單，但操作起來，考驗的卻是品格要素。

比如，上面說的通過做主持來提升閱讀局勢的能力，看上去只是做與不做的問題，但背後支撐的卻是願與不願、敢與不敢的問題。具體到這個要點上，就是一個「勇氣」的問題，而勇氣只能靠自我調動。大家都在沉默，但只有你站出來，走到畫板前，拿起筆記錄討論要點，這沒有技術難度，只有一個心理考驗：上，還是不上？

可幸的是，勇氣是可以操練的，我列舉一些操練方法。

① **說話大聲一點**。說話時，放慢速度，提高聲音，讓自己的聲音被聽到。我聽過一場「如何像領導一樣講話」的演講，其中提到在演講中故意停頓幾秒鐘，關鍵資訊一字一句說出來，現場注意力就會向你聚攏。操練幾次，你的勇氣藉著氣場的提升自然就會上來了。

② **敢於目光交流**。我們從小到大的教育過程中，似乎一直在強調低調謙卑，說話一般不正視對方。即使正視，對上一眼，馬上就轉移眼光了。這些都是不戰自怯、減消氣場的心理暗示。我在許多培訓中，有意安排兩個人對視一分鐘，第一次覺得很尷尬，第二次就好很多，第三四次就慢慢自然了。如果你有一個重要的場合要面對他人，比如面試、做一個重要的報告，不妨找家人或朋友

對視一下，給自己提提氣。

共贏意識中很關鍵的一點是不要預設立場，要持一個中立開放的心態，背後需要的是另一個品格要素：自控力。要謀求雙贏，做衝突利益雙方的協調者，自己不可以有太多的立場傾向，多做流程的疏通者。

自控力也是可以操練的，在人際交流方面有以下操練方法。

① **複述要點**。將人家說的一段話，用一句話概括要點。據說美洲有個部落，他們開會時會用一個鷹的圖騰作爲 Talking Stick（發言權杖）。第二個發言人必須複述前面一個人的要點之後，才能獲得 Talking Stick，並開始講自己的觀點。

② **刻意沉默**。有的時候，給愛講話的自己定一個規定，在某個會議上，全場不講一句話，刻意沉默，你會得到全新的感受，特別是在傾聽的品質上。最近的一次部門會議上，我刻意一言不發，我感受到自己有好幾次否定了自己的預設判斷。

操練整合能力，實際上是在操練品性。這種由內而外的操練，獲得的不只是整合能力，也可以讓我們在其他方面受益良多。

58 相關風格借用

上周日，在和一個朋友的電話中聽到了一個糾結的問題，具體是這樣的：

> 朋友：最近一個階段，不知是否因為壓力太大，感覺自己有點人格分裂了。
>
> 我：具體說說呢。
>
> 朋友：我發現自己在公司外與在公司內完全像是兩個人。最近生產上出了一些品質問題，導致客戶投訴。在用戶端，我必須耐著性子去解釋。回到公司，立馬召集生產部門會議，毫不留情地要求生產部三天內完成整改意見。那個強勢，我的同事都說我成「鐵娘子」了。
>
> 我：這有什麼問題呢？
>
> 朋友：我受不了，這是人格分裂。在客戶面前堆滿笑臉，回到公司，一副凶神惡煞的樣子。
>
> 我：你覺得有什麼地方做得不對嗎？
>
> 朋友：那倒沒有。我覺得對犯錯的部門就得嚴屬一

些，對客戶自然要恭敬一些，特別是自己產
品出了問題的時候。

我：既然事情都做好了，那就不用擔心。

　　我了解我的這個朋友，她是一個熱情開朗的人，所以選擇
了去做銷售。但生活是複雜多樣的，人不會總是這樣有福氣，
照著自己的性格取向在合適的崗位上一直揚長避短地做下去。
當我跟我的這位朋友解釋完一個「相關風格借用」（Borrowed
Relating Style，簡稱BRS）的概念後，朋友徹底釋然了，不再
覺得自己有多分裂了。

　　下面就給大家介紹一下這個「相關風格借用」，這是我六
月份參加一個「引導師工作坊」從講師那裡學來的。新加坡講
師耐度與賴美雲在他們合著的《SPOT 團隊引導》中是這樣解
釋「相關風格借用」的：每個人都有自己的主導風格，能力不
可能面面俱到，在合適的場合借用相關的風格就行了。

　　這本書是講引導團隊的，作為引導師，要視場合靈活運用
不同的風格。按芝加哥大學心理學教授波特博士的動機價值理
論，人可以分三大類：利他—培養型、自信—指揮型、分析—
自治型。

動機	描述
利他——培養型（藍色性格）	在乎對他人的保護、成長、福利
自信——指揮型（紅色性格）	在乎完成任務，組織資源達成目標
分析——自治型（綠色性格）	在乎深思熟慮的方法、秩序、個性、自主

表中所列的性格顏色是課堂上老師給大家做的性格自測，根據這套評測體系，人的性格可以分為三大類：結果主導、過程主導與人際主導，分別用紅色、綠色與藍色三種顏色來指代。

　　比如說，很多引導師是培訓師出身，藍色性格（培養型）偏多，比較善解人意，很有同理心。但是，在工作坊討論的時候，如果有人不斷插話，破壞討論氣氛，這時，這個藍色性格的引導師必須借用紅色性格（指揮型）來控場。他可以這樣來控制局面：「對不起，你的發言也很重要，但是我們要嚴格按照討論的規則，每次只一人說話」。

　　這種必要的強硬也許是一個藍色性格的人平時有意規避、甚至完全缺失的。但這不妨礙他借用一下相關的紅色風格。妙就妙在這個「借」字，你只是借用一下，用完之後就還的。所以，這就不構成對你主導性格的衝突。

　　當你板下臉來重申了課堂紀律後，氣氛又會顯得緊張，每次發言都點名了。這個時候，你需要調用藍色性格的人際連接能力，做一個互動遊戲，把冷卻的氣氛緩和回來。

　　於是，大家又開始發言了。這時，你的目標是不斷激發高品質的學員觀點，為了達成這個目標，你必須再次切換，拿出綠色性格的耐心細緻走到發言學員的跟前，全神貫注地聽他講的每一句話，並將對方的要點寫到大白板上。

　　這種抓細節的能力在確保交流品質的同時，還表達出一種對發言者的尊重。這時，藍色性格的你會悄悄發現，其實自己也可以變得很細膩體貼的。

　　由此可見，一個優秀的會議主持人是在不斷切換自我風

格，讓會議高效順暢地進行下去。

　　我對我那個朋友的勸慰也是一樣的：「你是藍色性格，注重和諧。但在關鍵的場合，需要你亮出紅色性格時，你可以借用一下，用完之後你又恢復到自己的性格主調之中了。這不構成衝突，你還是你，只是在需要的環節借用相關的顏色風格而已。這種風格借用就像換一頂帽子，你只是用它來擋一陣風，若覺得長期戴著不合適，是可以把它摘掉的。」

　　風格借用，是一種格局。你不必與自己進行非黑即白的探究，而是基於對自己充分自信基礎上的一份從容、一種風度。

59 柔軟的力量

談一個生活中常見的痛點問題：發言時沒人聽你說話。現在開會或組織培訓與講座碰到的一個普遍問題就是手機帶來的注意力分散。講臺上的人認真地在演講，臺下的聽眾都是一個個在撥弄自己的手機，這是一個注意力危機的時代。

當然，主講人要把內容做好是關鍵，但這是對主講人提的要求，拋開主講人的層面，對聽眾有什麼約束方法呢？

我看到了常見的兩種應對方法。

第一種方法，也說不上方法，就是無為而治，組織者對此聽之任之。因為大家都是成年人，礙於面子，一切靠自覺。但是不處理本身也是一種處理方法，這種應對方式，我用一個對應的詞描述：順從他人型（Submissive）。

第二種方法，是積極干預。我曾參加過一次面對私營企業的財務工作坊，會議開始前，組織者拿了一個盒子，走到每個與會者跟前，毫不留情地將手機收了上來。這樣做，當然手機干擾問題是解決了，但總體上

有點被衝擊的心理感受。這種應對方式用一個對應的詞描述，我稱之為咄咄逼人型（Aggressive），做法有點侵犯個人私密空間。

這兩個方法各有利弊，分別處於你我的兩端，參會者與組織者被對立了起來，要麼按你的，要麼按我的，要麼咄咄逼人，要麼順從他人，總有一方要犧牲。

前一陣子在未來商習院聽課，中間一個討論環節，參與者需要全身心投入，所以手機的干擾不是一個可以忍受的小問題。我發現組織者有一個很聰明的方法，設立了一個「養雞場」。

這「雞」是針對「機」而言的，所謂的「養雞場」，就是一塊裝有手機套袋的案板，每個參與者開始討論前先走到案板處將手機寄放在「養雞場」。

這個「養雞場」有點灰色幽默，處理環節也很自然。大家是「主動」上前寄放的，這與別人上來收繳可是有著本質區別的。自己投放進去的，標明自己願意接受約束，就不會有私人空間被侵犯的不適感。這種情感上尊重他人但結果上又毫不妥協的方法，我用另一個英文單詞來表達：Assertive。

這是一項很重要的溝通技能。在利益不一致的時候，既堅持正確的原則，又保持了尊重。我找不到一個完全契合的中文詞，暫且稱之為「堅持正見」吧。堅持正見，首先要堅持，但很多人把握不好，過於強調己見，就會滑入咄咄逼人的誤區。

與他人有分歧時，你是「咄咄逼人」呢，還是「堅持正見」呢？我編輯了兩組測試題，大家可以自評打一下分。

先來看 A 組描述的情形：

你覺得結果才是重要的，不太注意過程與方法。

　　　　　　　　　　　　　　——評分（　　）

與人交換意見時，經常打斷他人。

　　　　　　　　　　　　　　——評分（　　）

你認為工作的核心是解決問題，不必太在意他人感受。

　　　　　　　　　　　　　　——評分（　　）

比賽、遊戲時，你總是很好勝，總想成為贏的一方。

　　　　　　　　　　　　　　——評分（　　）

即使意識到自己有錯，你也不願意在別人面前承認。

　　　　　　　　　　　　　　——評分（　　）

再來看 B 組描述的情形：

有新的方案提出時，你總會下意識地去想這是誰提出的，這個人在組織中的影響力是怎樣的。

　　　　　　　　　　　　　　——評分（　　）

對方明顯出爾反爾時，你總覺得當面拆穿會讓對方下

不了臺而選擇不去揭穿。

——評分（　）

當對方有強烈爭勝的肢體語言時，你一般會選擇退讓。

——評分（　）

即使上司錯怪了你，你也不大願意交流出自己的感受。

——評分（　）

下屬犯了錯，你並不會第一時間當面指出，暗中希望下屬自己有所反思，下次便不再會有類似的問題了。

——評分（　）

說明：如果你對 A 組行為的得分在 3.5 分以上，那說明你偏向 Aggressive，有點咄咄逼人了。

如果你對 B 組行為的得分在 3.5 分以上，那說明你是一個順從他人型的人。

我個人在職場上的觀察：絕大部分人是順從型的，咄咄逼人型的是少數派，而往往是這些少數派最後成了領導，會表達的人總是占有先機。

但真正做大領導的，特別是有個人魅力的，是第三種堅持正見的人。既講原則，又有一份關懷的溫度，我稱之為「柔軟的力量」。

如何練就這種「柔軟的力量」，我推薦大家讀一本書，派翠克・蘭西奧尼著的《克服團隊協作的五種障礙》。

人生在世繞不開的一個問題是如何與他人相處。太咄咄逼

人，結果是達到了，但人全得罪光了，這樣的人生難言成功。太順從他人，得到的和諧都是表面的假像，每次受傷的總是自己，這樣的痛積累久了，就會心理不健康。

　　眞正的事業達人，是那些「堅持正見」的人，那些會微笑著對你說「不」的人。對你說「不」，是既不想委屈自己，也不想給你錯誤的暗示，眞正的對己對人的負責行爲。

60 你是本色出演，還是在扮演角色

在職場上，你是本色出演，還是在扮演角色？你覺得該不該一直在演？先做兩組對比自測題。每組題目列出了家庭和公司兩種場合。

1.題目A

A1：家庭場合

3歲的兒子趁你不留意，將米桶裡的米挖了出來，灑了一地，你會：

（a）嘆一口氣，簡單地規範了一下：米是吃的，不能用來玩。沒有就此專門訓誡或處罰孩子，然後把孩子拉走，自己把米收拾乾淨。

（b）嚴厲地告訴孩子，絕不允許再犯。為讓他記取教訓，讓他兩天無法看喜愛的動畫片。

A2：公司場合

新來的大學生，不按流程操作，誤刪了其他同事的資料，你會：

（a）只是簡單地說了他幾句，專注於補救措施，找IT

部門去恢復資料。

（b）將員工叫到辦公室，嚴屬指正，並責令他寫錯誤總結報告，直到報告滿意才會安排他做喜歡的工作。

2. 題目 B

B1：家庭場合

一家人在週末出行公園野餐前，突然發生了爭執，另一半堅持要讓兒子穿爲他新買的涼鞋，兒子嫌醜，無論如何也不穿，吵到你跟前，你會：

（a）簡單調解後發現兩人都不讓步，就表示說，那今天就不出門了。反正自己還有一份報告沒做完，關門做自己的報告了。

（b）判斷哪一方更需要做溝通，用同理心傾聽，盡力說服那一方。

B2：公司場合

你管轄的兩個部門 A、B，對應的兩個主管甲、乙發生了爭執，甲認爲新布置的工作該由 B 部門做，乙覺得人手不夠，不願接。你會：

（a）簡單調解無果後，說：算了，交給我吧。

（b）在判明原則之後，果斷拍板由其中一方接受任務，並爲其配備必要的資源。

在上述兩組題目中，無論是題目 A 還是題目 B，如果你的選項都是選 a 或都是選 b，那麼你在工作場合中基本上是在本

色出演。

反之，在類似的問題框架下，如果你一個選a，另一個選b，就不是本色出演了，你有掩飾或是調整。

比如說，在A1的家庭場合下，你選b，但在A2的公司場合下，遇到類似的問題你選的卻是a，說明你在家裡是個敢於管教的嚴厲家長，但到了公司，卻好像沒有了管教的底氣。

本色出演的好處是不必違逆自己的個性，沒有做表演（Perform）的心理壓力，簡單來說，不用裝。但用本色出演的方式去執行（Perform）一項任務，並不總是合乎工作要求。

上述A、B兩個不同的場景，對應了一個管理者的兩項基本技能：管教下屬與拍板決策的能力。

如果你選的都是b，那麼恭喜你，你已經達到了高位階的統一，在家裡與公司都能一致性地展現出高績效（High Performance）所需的管理能力。

但是這樣的情形並不多見，更多的一致性表現是都選a，低水準的本色出演，剛當上經理不久的新任幹部基本上都是這種情形。

前天出差給一個子公司的年輕幹部上了一天的「管理幹部素養」培訓課。

在給每個人做完「職場性格色彩」的測試後，發現絕大多數人都屬於這種低水準的本色出演。

在家裡不願管教孩子，在公司裡不敢正面管教犯錯的員工；在家裡遇到困難的決定儘量迴避，在工作場合也是能躲則躲，以辛苦自己的方式來解決問題。所以，我問了大家一個問

題：作為一個管理幹部，在公司裡能不能裝？

絕大多數人的回答是：不要裝。

我的回覆是：非但要裝，而且要裝好你的角色。

我用英文單詞Perform 做了解釋。Perform 或者它的名詞形式Performance 有兩層意思：舞臺上的「表演」和工作中的「表現」。為什麼都是Performance 這同一個單詞呢？因為這兩者都有一個共同特點：職業化就是一種自我限制。

作為一個職業演員，無論是今天讓你演國王，還是明天讓你演乞丐，給什麼角色就演什麼角色，而且要演得逼真，演得投入。該啃生肉啃生肉，該剃光頭剃光頭，因為你是拿片酬的。

同樣，作為一個職業經理人，你是拿薪酬的。今天遇到一個刺頭下屬，你得拿出膽識來管教，以立軍規；明天碰到一個兩難問題，你得展現勇氣拍板決策，該開的開，該爭的爭。

在阿里巴巴，據說還有這樣一條不成文的規定：沒有開除過下屬的幹部不得升任重要崗位當高管。

在家裡，你可以做息事寧人的和事佬，因為家裡實在沒有什麼原則性的對錯問題。取消一場聚會，弄髒一個廚房，這些都無傷大礙。你，盡可以本色表現自我，無須向自己的軟肋開刀。

但在工作場合中，你不管教，就無法塑造團隊行為；你不決斷，就無法推動進程。在家裡，你不願得罪任何一個人，但到了公司，因為領了「片酬」，你必須放下「本色」，演好「角色」，完成從「本色」到「角色」的切換。

說到底，公司並不關心你在家裡是媽寶還是直男，公司只關心你在分配的「角色」中，有沒有「演好」這個角色該有的行為操守。至於你是裝出來的，還是本色表現的自然流露，公司並不關心。

在家裡，看著動作不利索的老么落在最後，你會讓全家人停下來等他，因為家裡的原則是：一個都不能少。

但是到了公司，你在發起一場變革時，面對一個鬧情緒的員工，你無休止地投入精力去勸勉，會發現照顧了一個人卻得罪了一大片人。原來已經上船的同事會下船離去，因為公司的底層邏輯是「協作」，而不是「關愛」。

如果你把企業文化裡講的員工關愛當作管理的準則，那你就太天真了。企業文化裡講的關愛是點綴，是在員工按規範做事基礎上的人文關懷。一個經理過於關懷一個鬧情緒的員工，那是一種濫用組織資源的失當行為。

其實在一個由陌生人組成的組織中，無論你怎麼做，無論你選擇本色中的哪一面，你都無法讓所有人滿意。倒不如，老老實實地按腳本的角色要求好好地演。所謂專業，其實就是中規中矩地表演好自己分配的那個角色。

裝不是毛病，不會裝才是毛病。那怎麼裝呢？怎麼裝扮好自己的角色呢？

我們還是拿演戲的例子來做類比。演員要演好自己的角色，有兩個關鍵的環節，第一要吃透角色，第二要有導演的點撥。對應到工作場所，吃透角色需要一個角色認知的系統培訓，導演點撥對應了上司的回饋機制。

先說說角色認知的系統性培訓。

我有一個在微軟工作的同學，專業是電腦。他是一個標準的「碼農」，整天趴在電腦前寫代碼，直到有一天，因為專業出色被提拔成為帶隊的經理了。

他成為經理的第一個月，就參加了一個五天的脫產培訓，由微軟美國總部飛來的資深經理給他們這些新晉經理上課，教大家如何適應新角色的職責變化。

比如，作為一個承上啟下的中層幹部，首先得學會將目標翻譯成任務。以前只是按被派的活去做，現在要學習如何向下派活。

這派活可不是簡單的傳遞或分解任務，而是翻譯，將目標翻譯成任務。

如何將目標翻譯成任務，可以參閱第四十節的內容。

從技術專才到部門經理，不是想當然地更努力工作就能勝任的，首先得有對角色的深刻認知，這需要系統化、有意識地主動學習。

角色認知學習有點像演員的腳本研讀，研讀越深，對角色的把握就越准，表演起來就越自如。

具體而言，如果公司有系統的培訓，那一定要抓住機會，千萬不要因為手頭的工作脫不開身而錯過。如果沒有公司組織的培訓，可以自己購買付費學習平台的相關課程。

我前段時間被委任領導公司的智慧工廠建設，對於一個沒有技術底蘊的財務人，我就有意識地通過學習來補短。我特意購買了吳軍的「谷歌方法論」來聽，從吳軍老師的工程思維中

獲得了技術路線發展的 大局觀。

下面再來說說角色表演回饋。

學以致用，角色揣摩得再精準，得演出來才是真正的好。同理，你通過學習，對角色要求理解得再好，最後還得通過工作交付來體現。

如何知道自己的工作表現符合水準呢？答案是回饋，回饋是獲得提升的關鍵輸入，回饋又有主動與被動兩種。被動回饋，就是自己演砸了，比如做經理的你，過度干涉下屬的執行細節，導致下屬因壓力過大而離職，你通過人事部的離職訪談得知自己有太多的微觀管理，這就是一種被動回饋。

被動回饋也有價值，但往往已經造成了一些不良的既成結果。最好學會主動回饋，在事情還沒搞砸前，比如員工沒有離職前，就通過定期的回饋機制，主動尋找回饋。

比如這個案例中，經理可以與下屬建立一個每月一次的一對一溝通，在這樣的定期交流中可以植入一個程式化的回饋詢問：「我不知道我倆最近的合作中，有沒有我沒看到的問題，你不妨提醒我一下。」

這個時候，下屬就會及時提醒你微觀管理給他帶來的不適，聽到這樣的回饋，就像戲演到一半，導演做了個動作：「停，剛才那個表演演得有點 過了。」

同樣的，對上也可以建立這樣的主動回饋機制，讓自己的上司告訴你，在過去的一段時間裡你的角色表演得怎麼樣。

上司會根據你的角色要求來一一點評，比如在執行力方面，你個人是很盡力，但你要留意花點時間在效率最低的員工

身上，他的低效率會拉低你部門的整體效率。

由此，你對執行力的把握就更到位了。還有領導力、溝通力、組織力，你的上司都可以給你點評，甚至作爲一個「資深演員」向你分享一段他自己的成功經驗。

有了這樣的回饋和提點，你的「演技」會成長得很快，工作上更得心應手了。

稍微有點規模的公司，每年甚至每個季度都有一個員工績效考評（Performance Review）。這個時候，回顧的標準不是你的「本色」，而是你的「角色」，你有沒有按你的角色要求來「表演」自己。

所以，遇到這樣的員工績效考評溝通，要珍惜機會，不要走過場。否則就是徒勞無功，受損失最大的是自己。

好的表演都是在場景中體現的。所以，我們每一個職場人，都要以躬身入局的姿態，進入到具體的場景中，去理解具體的角色關係與職責要求，通過針對性地技能學習與主動尋求回饋，讓自己的特長打磨得更加突出，讓自己的缺點得到有效改善。

其實，不光是工作，整個人生就是一臺戲，而且這臺戲的主角永遠都是你。

附錄

推薦書目

◆《自嚴自語》，錢自嚴，中國文聯出版社，2012-04

◆《從總帳到總監：CFO的私房財務筆記》，（新加坡）錢自嚴，中國輕工業出版社，2019-05

◆《五種時間：重建人生秩序》，王瀟，中信出版集團股份有限公司，2020-10

◆《百歲人生：長壽時代的生活和工作》，（英）琳達·格拉頓，（英）安德魯·斯科特，中信出版集團股份有限公司，2018-07

◆《心智》，（美）約翰·布羅克曼，浙江人民出版社，2019-04

◆《原則》，（美）瑞·達利歐，中信出版集團股份有限公司，2018-01

◆《高效能人士的七個習慣》，（美）史蒂芬·柯維，中國青年出版社，2016-08

◆《浪潮之巔》，吳軍，電子工業出版社，2011-07

◆《矽谷之謎》，吳軍，人民郵電出版社，2015-12

◆《全球科技通史》，吳軍，中信出版集團股份有限公司，2019-04

◆《跨界學習：終身學習者的認知方法論》，王爍，湖南文藝出版社有限責任公司，2019-02

◆《巴拉巴西成功定律》，（美）亞伯特-拉斯洛・巴拉巴西，天津科學技術出版社有限公司，2019-11

◆《成功的第三種維度》，（美）阿裡安娜・赫芬頓，中信出版集團股份有限公司，2016-01

◆《第二座山》，（美）大衛・布魯克斯，中信出版集團股份有限公司，2020-11

◆《演算法之美：指導工作與生活的演算法》，（美）布萊恩・克裡斯汀，（美）湯姆・格裡菲思，中信出版集團股份有限公司，2018-05

◆《終身成長:重新定義成功的思維模式》，（美）卡羅爾・德韋克，江西人民出版社有限責任公司，2017-11

◆《情緒：爲什麼情緒比認知更重要》，（美）大衛・德斯迪諾，中信出版集團股份有限公司，2021-04

◆《演講技巧：致顫抖的商業演講小白們》，（英）鮑勃・埃瑟林頓，中信出版集團股份有限公司，2019-09

◆《刻意練習:如何從新手到大師》，（美）安德斯・艾利克森，（美）羅伯特・普爾，機械工業出版社，2016-11

◆《學會提問》，（美）尼爾・布朗，（美）斯圖爾特・基利，機械工業出版社，2013-05

◆《第五項修煉：學習型組織的藝術與實踐》，（美）彼得・聖吉，中信出版集團股份有限公司，2009-10

◆《賦能：打造應對不確定性的敏捷團隊》，（美）斯坦利・麥

克裡斯特爾，（美）坦吐姆‧科林斯，（美）大衛‧西爾弗曼，（美）克裡斯‧富塞爾，中信出版集團股份有限公司，2017-11

◆《SPOT團隊引導：點燃群體管理的智慧》，（新加坡）帕拉布‧耐度，（新加坡）賴美雲，江蘇人民出版社，2014-01

◆《克服團隊協作的五種障礙：領導者、經理人、培訓師的實用指南》，（美）派翠克‧蘭西奧尼，電子工業出版社，2011-08

世界是平的，大腦是皺的：
打破職場認知的 60 條管理思維

作　者－錢自嚴
主　編－林菁菁
企　劃－謝儀方
封面設計－楊珮琪、林采薇
內頁設計－李宜芝

總 編 輯－梁芳春
董 事 長－趙政岷
出 版 者－時報文化出版企業股份有限公司
　　　　　108019 台北市和平西路三段 240 號 3 樓
　　　　　發行專線－ (02)2306-6842
　　　　　讀者服務專線－ 0800-231-705・(02)2304-7103
　　　　　讀者服務傳真－ (02)2304-6858
　　　　　郵撥－ 19344724 時報文化出版公司
　　　　　信箱－ 10899 臺北華江橋郵局第 99 信箱
時報悅讀網－ http://www.readingtimes.com.tw
法律顧問－理律法律事務所 陳長文律師、李念祖律師
印　　刷－勁達印刷有限公司
初版一刷－ 2023 年 11 月 24 日
定　　價－新臺幣 420 元
（缺頁或破損的書，請寄回更換）

時報文化出版公司成立於一九七五年，
並於一九九九年股票上櫃公開發行，於二〇〇八年脫離中時集團非屬旺中，
以「尊重智慧與創意的文化事業」為信念。

世界是平的, 大腦是皺的：打破職場認知的 60 條管理思
維 / 錢自嚴著 . -- 初版 . -- 臺北市：時報文化出版企業股份
有限公司 , 2023.11
　面；　公分

ISBN 978-626-374-484-4(平裝)

1.CST: 職場成功法 2.CST: 企業管理

494.35　　　　　　　　　　　　　　112017218

ISBN 978-626-374-484-4
Printed in Taiwan